JN024141

MANAGEMENT STRATEGY
IN CONSTRUCTION INDUSTRY
FOR THE NEXT ERA

ゼネコン 5.0

SDGs、DX時代の 建設業の経営戦略

アーサー・ディ・リトル・ジャパン

古田直也 ｜ 南津和広 ｜ 新井本昌宏

東洋経済新報社

はじめに

　建設業は大きく変わりつつあります。世界では工業化工法を巧みに取り入れるカテラ（Katerra、2021年6月米連邦破産法11条の適用）を筆頭とした業界／バリューチェーンの再編を狙う企業が台頭しています。日本では、いよいよ兆候が出始めた建設バリューチェーンのスマイルカーブ化（バリューチェーンの両端に存在する川上／川下へ利益が移動していく現象）の中で生き残り、そして勝ち残るためのゼネコン各社の対応の兆しが見えます。

　しかしながら、スーパー／準大手／中堅といった事業規模／範囲の区分にかかわらない日本のゼネコン各社との討議では、「（海外の同業の事例や日本の先進の取り組みを指して、）あの会社は似て非なる業態でありわれわれとは違うので真似できない」、「戦略やマーケティングを考えても仕方がない。市況が良ければ伸びるし、悪ければ耐えるしかないのがわれわれだ。そのため、コスト改善に協力会社と一丸となって頑張りたい」、「標準化といった製造業のような発想は相いれない。個別状況・条件に即して何とかすることを大事にし続けたい」といった、現状を肯定する論調のコメントを多く聞きます。

　当然ながら、歴史やこれまでの取り組みを全否定して、新たな経営フォーマットへ刷新することをゼネコン各社に提言したいわけではありません。事業規模の区分ごと（スーパー／準大手／中堅など）で横並びと揶揄されない"わが社における事業の勝ち筋"を見出していくためには、学べる点は取り入れる必要があるという問題意識が本書の起点となっています。それは縮小する国内市場のみでは日本のゼネコン各社の大きな成長は見込みづらいと考えているためです。海外市場で利益を確保しなければならないとしたら、日本とは異なる競争環境にある市場で、"わが社における事業の勝ち筋"を見出すことが必須です。

本書は、批判を覚悟の上で各社各様の事象や取り組みを一歩引いた視点で抽象化・整理し、中立のポジションを取った主張をしています。これまでも、そして今後も日本の基盤を支える建設業（社会実装を支える産業）の中心的役割を担うゼネコン各社の経営・事業の変革の一助になればとの想いからのものです。この想いの根底には、先に述べたゼネコン各社における現状を肯定してしまう心理的な論調を飛び越え、一方で遠景に見据えるべき海外市場でのプレゼンス確立との間に存在する余白を埋めてほしいという期待があります。日本の基盤を支え続けるゼネコン各社が、日本で変革に成功し、そして海外でもプレゼンスを確立していく。このことが日本を今以上に前向きな空気に転換していくきっかけになるのではないかとアーサー・ディ・リトル社（以下、ADL）としては考えるからです。

　ただし、遠景に目指す海外市場進出の議論から開始すると、現実と理想の間で"絵に描いた餅"になりがちです。そして、「やっぱり、海外は日本とは異なる論理で成り立つため、成功することは難しい。日本で頑張ろう」という結論に陥る可能性を危惧しています。そのため、まずは国内市場を中心に触れ、"わが社における事業の勝ち筋"を考える一助になるさまざまな観点や考え方をまとめています。

　本書を通じ、今の経営者の方には「次世代に残していく／変えていくべき取り組みを考えるきっかけ」として、また、次世代の経営者候補の方には「わがごととして、もし経営の立場にあったらどのようなアクションに今から着手していくかを考えるきっかけ」になればと考えています。

なぜ改めて本書をまとめるのか

　本書を上梓するのには、2つの理由があります。1つ目は弊社の出自にあります。弊社、ADLは1886年に米国で世界最古の戦略コンサルティングファームとして設立され、新産業の創出、イノベーションの創出の支援を続けてきました。

　一般的に、戦略コンサルティングファームは設立された時代背景の影響

を色濃く受けた特徴を持ちます。ADLはMIT（マサチューセッツ工科大学）の博士（化学）であるアーサー・デホン・リトルによりMITキャンパス内に世界最初の民間受託研究機関として設立されました。

そのため、大学での研究や技術に着目し、その民間転用を通じた新産業の創出、イノベーションの創出が祖業となり、その色合いが比較的強いコンサルティングに取り組んできました。

現在の世界、並びに日本での建設業で見え隠れする変曲点の兆候に鑑みると、新産業の創出、イノベーション創出に対し、弊社が積み重ねてきた実績から貢献できるのではないかと考えたのが1つ目の理由となります。

もう1つの理由は、日本オフィスで当業界を主に担当するチーム（Operation Strategy & Transformation Practice）が手掛けるコンサルティングの特徴にあります。それは、私たちのチームは課題先進国と言われて久しい日本に散見される社会課題に着目したクライアントへのサービス提供を心掛けている点です。なお、私たちはオペレーションを「社会装置化する各産業を1つの有機体とみなし、各産業での技術・戦略から社会実装までのサイクルを回すこと」と、広義に捉えています。このオペレーションにおける学習障害を社会課題として認識しています。

社会課題に着目して取り組む理由は、これまでのコンサルティング経験から、「戦略のコモディティ化の進展」、「戦略と実行の交差点への外部ならではの貢献」という2つの思想が重なる領域にコンサルティングニーズが存在すると考えるためです。

戦略のコモディティ化の進展

経営に関する調査・研究事例の蓄積、調査や研究エッセンスの解説、創業者の自伝といった数多くの書籍が発刊され、また、戦略策定や実行支援を生業としてきたコンサルタント出身者が経営企画部や事業における役職につくことが増えています。そのため、以前より戦略策定の定石やアプローチに対する世の中の理解は深まってきたと思われます。

言い換えると、定石やアプローチの共通理解が得られ始めたことで、戦

略立案段階では、その中身を考えるためにいかに各検討段階で必要とする情報（インテリジェンス）を数多く収集できるかの勝負になってきます。競合がアクセスしきれなかったり、気づいていなかったりする情報を収集できると、競合との差異化が可能な戦略を立案しやすくなります。

　しかし、情報が氾濫する現代社会では、他社を抜け駆けた情報を得る、あるいは分析により導出できる機会が少ないのが現実です。情報収集機器の発展により以前より多くの情報が取りやすくなり、また業界知見者へのインタビューのアレンジを支援する会社も増えていることから大抵の専門家にはアクセスしやすくなってきています。

　そのため、実務上は簡単ではありませんが、極端な言い方をすると戦略自体は誰が策定しても変わらない時代が近づきつつあると、何年か前から肌感覚として感じ始めています。実態はまだそこまでには至っていないかもしれませんが、この大潮流を背景にコンサルタント自身はその提供価値自体のピボット（方向転換）が必要と考えています。その解の1つが先に述べた社会課題に着目したコンサルティングへの取り組みとなります。

　つまり、戦略策定のアプローチや必要な情報で差をつけがたいのであれば、戦略策定の前提を再構築することを通じたクライアントのトップライン、またはボトムライン向上への貢献が必要になるのではないかと考えています。

　身近な例を挙げると、スマートフォンの発表前後で、BtoC系のクライアントにおける戦略立案の考え方やビジネスモデルでの稼ぎ方と同時にセキュリティやプライバシーポリシーに対する取り組みの姿勢が変化しています。また、労働力不足に対しAGV（Automatic Guided Vehicle）といった庫内作業機器の発表前後で、倉庫や各施設に必要な設備や動線設計の考え方といったオペレーション上の組み立てや課金モデルが変化してきました。

　ただし、戦略策定の前提として設定される有形／無形の資産や慣習、考え方を再構築するコンサルティングは、平時ではなかなか受け入れられが

たいものです。頭ではわかっていても、現在保たれている調和を無理に乱すことにより既存パフォーマンスが落ちる可能性を懸念する企業が多いと実感しています。最近は、何も取り組まないのはまずいのでPoC（Proof of Concept）ぐらいには着手という判断から、結果として"PoC貧乏"（実用化の目途が立たない投資を続けて、他の取り組みに向かう余裕が少なくなる現象）に陥る企業も散見されます。

社会課題に着目したテーマは、実際に目の前に迫る危機として存在するため、既存の戦略策定の前提を含む再構築のアプローチに対する理解や実行への許容度が高いと感じています。むしろ、既存の戦略策定の前提を含めて検討しなければ、勝ち残るどころか、そもそも生き残れないという状況に陥る企業も散見されてきたことから、社会課題に着目したテーマは、戦略がコモディティ化すればするほど必要とされると考えています。

戦略と実行の交差点への外部ならではの貢献

目の前に迫る危機として存在する社会課題への対応においては、課題の最前線に直面する現場での早急な打ち手に取り組む必要がある一方、全体像を持ち合わせた改革への取り組みを推進しなければ、組織間の力学の前に打ち手が骨抜きになるリスクが存在します。

この現場積み上げ的な取り組みと経営から全体へ網掛けした上での整合性を持たせる取り組みが交差する箇所を診断・特定し、その交差箇所での取り組みの交通整理・推進を各企業内の人材で担うのは難しい場合が多いと感じています。人材の能力の問題というよりは組織慣性力の中での振る舞いに対する圧力に、難しさの原因がありそうです。そのため、外部を活用したほうがうまく進むケースが多い領域と考えられます。

変化を迫られるゼネコン

改めてゼネコン業界に期待される役割を俯瞰すると、その立ち位置にはポジティブな視線での変化が求められています。ADLはこれまでの産業バ

リューチェーン上のゼネコンの立ち位置は、供給サイド（産業／企業等）と最終受益者（生活者）サイドの結節点として価値やサービスをつなぐ機能と認識しています。つまり、これまでゼネコンは、供給サイドにおいて日々進化して登場する新たな価値やサービスを選別して束ね、技術力を駆使した建築物の実装を通じて、最終受益者（生活者）を理解した価値やサービスの実装を担ってきました。一方、最終受益者サイドの抱える状況や困りごとを集約し、構造・設備・意匠の要件に翻訳した上で価値やサービスの実装も担ってきました。

この結節点として期待される役割は、前提として上流から下流までの価値連鎖の構造が一本でつながるイメージの強い"バリューチェーン型の産業"においてよく機能してきました。例えば、施主が生活者になるべく広く採れる間取りを低コストで提供したいと考える一方で、生活者が防音・遮音性を気にしている点に対しては、単に壁厚を薄くしたり、仕切りを外したりして広く見せるといった建築物の実装手法では十分ではありません。低コストかつ防音・遮音を実現する技術や工法の開発、提案が求められます。このバリューチェーン上で接点の薄い上流と下流の状況を理解し、結節点だからこそ気づける実装手段を提案／提供することがゼネコンの価値と考えます。

しかし、近年、バリューチェーンの下流側で単なる終点として位置づけられていた最終受益者（生活者）は価値連鎖構造における中心へシフトしつつあります（＝"ネットワーク型の産業"構造へのシフト）。その理由は、デジタル化の進展に伴い情報取得と発信のコストが低下したためと考えられます。具体的には、インターネット上における消費者発信型のメディア（Facebook、Instagram、等）で他消費者へ多大な影響を与える特定の消費者（＝"インフルエンサー"）の登場や、特定の企業／仕事にだけ依存せず、個人の能力をベースに複数の仕事を組み合わせて働く人（＝"ポートフォリオワーカー"）の登場に、その萌芽を見て取れます。

また、バリューチェーンの結節点に位置しているゼネコンですが、ゼネ

コンを頂点に機能していたピラミッド構造から、機能すみ分けの進展による"レイヤー型の産業"構造（通信業界によく見られる構造）へのシフトが進みつつあると見ています。その理由もまたデジタル化の進展にあると理解しており、レイヤー間の近接領域が「経験とカン」に頼ることなく情報化できる点が大きいと考えています。

　加えて建設業界の労働力不足やコンプライアンス／安全衛生遵守の強化といった課題も業界の構造変化の後押しをしていると理解しています。例えば、土木の公共系における"メガ道路工事"の登場、土木の橋梁分野での"メガPCa工場プレーヤー"の登場、スーパーゼネコンが内製化していた資材センターの集約を通じた"メガ仮設資材プレーヤー"の登場、といった可能性が考えられます。

　このように建設業界が複数の産業構造（バリューチェーン型、ネットワーク型、レイヤー型）が併存する環境になりつつあることから、ゼネコンにはより高度な経営が求められます。経営の大きな方向として、ネットワークの中心にシフトしつつある最終受益者（生活者）に寄り添い、同時に寄り添う際の立ち位置の先鋭化（"総合"からの脱却）へ対応するレイヤー構造上のポジショニングの方向性を示す。そして、競合に勝ち抜く上でバリューチェーン型を念頭においた戦略立案、並びにその実行が必要と考えます。

　こうした理解の下、繰り返しとなりますが、本書は、今の経営者の方には「次世代に残していく／変えていくべき取り組みを考えるきっかけ」として、また、次世代の経営者候補の方には「わがこととして、もし経営の立場にあったらどのようなアクションに今から着手していくかを考えるきっかけ」になることを願い、ADLのコンサルタントがゼネコンを含む関連業界における経験を通じた示唆を持ち寄り構成しています。

本書の構成

　第1章では「建設インフラ・建材業界の概観」として、業界の歴史を振

り返りつつ、どのようなプレーヤーが関わり、どのように役割を分担しているかという観点から市場や業界の構造を紐解いていきます。海外の建設業界にも若干触れながら、わが国の業界特性を浮き彫りにします。ここでは、第2章以降で展開する課題や戦略オプションの議論の前提となるように、建設業界の現状を俯瞰し、読者の皆様と目線を合わせることを目的としています。

　第2章「建設インフラ・建材業界の最新トピック」では、テクノロジー・デジタルの話にとどまらず、SDGs（Sustainable Development Goals）や資源循環・サステナビリティといった社会的な視点、ソリューション型への転換といったビジネスの視点も含めて概観します。第1章で述べるとおり、これまでのわが国の建設業界では長年の構造が維持されて来ましたが、その固定化した構造に一石を投じるドライビングフォース（企業の未来に対する戦略的ビジョンを決定する最も根本的な因子）となりうる動向について述べたいと思います。一例を挙げると、SDGsへの向き合い方は単にどのような構造物を作るか、そのプロセスでCO_2を排出しない・無駄を出さない、といったレベルにとどまらず、新たな業績指標の模索を通じて企業の価値評価・経営の仕組みそのものを変えうるものであることについて述べます。

　第3章「ゼネコンの抱える課題」では、わが国の建設業界が抱える課題を掘り下げていきます。決して高いとは言えない生産性や新たな事業が生まれないといった表層的な問題点は本書に限らず指摘されるところです。これらを掘り下げていくと、草創期の直営方式から脈々と続く「お施主様」の信頼重視という伝統からくるもの、大地に根を張る構造物としての土木建築物の特殊性（自然環境に左右されやすい「一点もの」）からくるもの、そしてそのような中で長期的な関係性維持（"貸し借り"の世界）という経済学的にも合理的な行動が形作られてきたことを述べます。つまり、局所的な問題で捉えるのではなく合理的な行動の結果として現在の業界構造が

生まれており、逆に各種前提が変わりつつある今が新たな「合理的な」アーキテクチャへ移行するチャンスであることもお示しし、第4章の戦略オプションの議論につなげます。

第4章「日本のゼネコンの戦略オプション」はこれまでの議論に基づき日系ゼネコンの戦略オプションを論じます。まず1つは「デジタル化と標準化」です。比較的標準化しやすいセグメントにおいてBIM（Building Information Modeling）等のデジタルテクノロジーの力も借りながら組織能力としての標準・ルーチンを進化させていくことが可能となり、いわゆるモジュール化・部材のユニット化など新しい事業機会として捉える動きが出始めています。もう1つは「レイヤー化」です。これまでは不確実性の高い建設という営みにおける経済学的コスト抑制を目的として、スーパーゼネコンを中心にさまざまな機能が「内部化」されてきました。しかし、こうした不確実性を予見し、取引コストを下げるデジタルテクノロジーの力を活用すれば、特定部分の機能を切り出した単独ビジネスとして成長させる可能性も出てきます。例えば、外出しされたゼネコン各社の調達機能を束ねて進化させること、それら知見を活かしてニーズの高い高性能なユニットを生産・供給するという事業展開も考えられます。こうして、特殊と考えられてきた建設業界と他産業との垣根が低くなれば、他産業で起きている潮流を業界に取り込むことも当然考えられるでしょう。

第5章「ゼネコンに対する処方箋」では、われわれADLからの提言を行います。第4章までの議論において、現在問題とされている状況はむしろ経済合理性に根差した賢明な結論であるということを述べますが、時代に即さないこの構造を変えるには複合的な打ち手が必要になります。何か新しい事業を創出したところで大宗において変わるものでもなく、全社的なコスト低減やデジタルテクノロジーを取り入れる努力をしても根本的には解決しません。自社の強みを再定義し、市場における事業領域の切り取り方を再定義し、それらの進化を支えて加速するインセンティブ付けを行

う、といった包括的な改革が必要になると考えます。

　本書では、特定の時代において各社が自社の企業価値を最大化する企業行動をとろうとする中でそれらが大きく共通の方向に収れんしている様を、あたかも業界全体が見えない力でその方向に制御されていると見立てて「業界OS（Operating System）」という単語で表現しています。そして、第1章から第5章までの根底には、建設の「業界OS」アップデートが必要という主張があります。本書の「業界OS」の議論が、読者における、アップデートの議論の出発点となるように努めています。

　2022年3月

　　　　　　　　　　　　　　　　　　　　　　　　　　　　筆者一同

ゼネコン5.0　目次

第**1**章　建設インフラ・建材業界の概観

第4章 日本のゼネコンの戦略オプション

第5章 ゼネコンに対する処方箋

建設インフラ・建材業界の概観

ゼネコンの戦略・課題を詳述するに際し、背景となる業界慣行や行動様式、事業における発注側・受注側の関係性を理解する必要があります。本章においてはまず、土木・建築事業者がいかにして今日のゼネコンと呼ばれる事業体となり、またその事業内容を変容させてきたかについて、簡単にその歴史と変遷を振り返っていきます。続いて現在の業界構造についても、現状とその競争状況の変化の兆しについて整理していきます。業界構造はその歴史を経て形作られたものですが、建設業界において忘れてはならないのが規制の存在とその変遷です。医療や金融ほど、規制業界という文脈で語られない当業界ですが、実は近代の業界の各プレーヤーの行動様式を理解する上でも、規制を理解することは不可欠と考えます。

　今後の建設業界を検討していく上では、土木・建築といった大括りではなく、全体として縮小していく市場の中でも伸びゆく市場をつかむことが必要です。また、日本の建設業界の特徴を語るためには、海外との対比がわかりやすいでしょう。そして、最後に今後の競争優位性に紐づくであろう、技術について、ADLとしての基本的な考えを述べていきます。このように、多角的な視点から業界を概観することで、課題や戦略オプションの議論の前提となるように、建設業界の現状を俯瞰し、読者の皆様と目線を合わせることが本章の目的です。

1.1 ゼネコンの歴史と変遷

　日本における土木・建築事業の歴史は古く、1000年以上も前にその原型が求められます。もちろんその当時のものがそのまま残っているとは言いませんが、先ほど述べた業界慣行や行動様式、受発注者の関係性等は、連綿と続く歴史の中で作り上げられてきたものと考えられます。特に「請負事業」という、建設業の根底に横たわる事業モデル自体には大きな変化はないと言えるのではないでしょうか。歴史を振り返り、紐解くことを通じて、今日のゼネコンの経営が過去においては合理的だった意思決定や行動の積み重ねからできていることを再確認していきたいと考えます。

ゼネコンの原型～労役から職業組織へ～：古代～幕末

　ゼネコンのコア機能である土木・建築工事は、古代律令体制にその原型を見ることができます。いわゆる「雑徭（ぞうよう）」と呼ばれていた労働力による租税であり、土木工事は現代と同様、国や自治体（あるいはもっとミニマム・ローカルな集団）を発注者とした、税金による公共事業でした。ただし、雑徭で集められた庶民は、単純労働力の担い手でしかなく、集団としての機能は持ちえませんでした。

　そこから時代が中世に至り、土木・建築における設計技術が向上するに伴い、施工側である労働者にも設計技術に応じた施工技能が求められるようになります。そうして技術を身に付け、単純労働者から技能労働者に近づき、13世紀から14世紀頃にかけては大工"職"として成立するようになりました。また、パートタイムの労役から職業として固定化されていくことで職能集団が生まれ、ギルド的な商業的権益に形を変えていきました。そして戦国時代には、各地の大名が有力な棟梁を領国の大工に任じて領内の大工を統率させるようになり、大工"職"が"組織"として組成されるよ

うになりました。

　税としての単純労働力の提供から始まり、技能が伴う労働力の提供を経て、集団による請負工事が成立するようになったのは、中世からさらに進んだ18世紀頃となります。特に大きな影響を与えた出来事の1つとして挙げられるのは、日米修好通商条約の締結による、開港に向けた幕末・維新の外国人居留地の大型建設工事でした。技能と労働力のどちらも必要としたこれらの工事は、清水建設・鹿島建設といった現代のスーパーゼネコンとして続く企業を、近代的業務組織へと進化させました。

　また、同じく明治初めより開始した鉄道事業が、膨大な量の単純労働を飲み込み、労務管理を軸とする一群の企業家により、多くの労働者集団の組織化を実施しました。特に中堅ゼネコンにおいては、この時代の鉄道事業を、自社の成り立ちのきっかけとしている企業が少なくありません。こうした明治の大規模な土木・建築工事が、日本のゼネコンの土木・建築事業者としての下地を作ることとなりました。

▌プレ・ゼネコン〜オープン化と混乱期〜：明治初期

　そこから1つ時計の針を進めたのが、かの渋沢栄一も創立に関わった日本土木会社です。当時、銀行並みの資本金をつぎ込んで設立されたこの会社は、道路や水道等の公共工事が、直営から民間委託に切り替わるタイミングを見逃さず、土木・建築請負業がより大きな市場となることを見越して設立されたものでした。会社化による資本と人材の集約により、これまで以上に大型の請負工事を受注することが可能な事業者が誕生しました。日本土木会社は後のスーパーゼネコン大成建設へとつながります。

　日本土木会社に限らず、明治初期には多くの技術者集団による会社が生まれます。難易度の上昇した公共事業における特命案件は、そうした技術力の高い人材を集約した事業会社によって受注されるようになりました。

　一方、進んだはずの時計の針を戻したのが、1889年の会計法の制定による、公共事業における競争入札制度の導入です。当時活発化していた公共

事業において、市場原理を導入することでコストを下げようとした施策ではありながらも、競争入札による参加のオープン化から、土木事業の経験のない有象無象の参入を許し、結果的に市場は混乱したと言われています。この規制緩和により、先駆的技術者集団は事業遂行の前提であった特命案件を失い、会社を維持することができなくなり、その多くは解散することになりました。そして、蓄積された有形／無形の経営資本や技術資本の一部は一時的に失われてしまいました。しかし、日清戦争による莫大な償金が日本における産業革命を推し進め、西欧列強との国家間の競争を背景に建設投資を後押しすることで、日本の土木・建築業界は次の時代を迎えます。

▌ゼネコン1.0〜セメントと鉄の時代〜：明治末期〜大正

　日本における産業革命が土木・建築業界に対して与えた最大のインパクトは、建設工事へのセメントと鉄の導入でした。「土と木」が「セメントと鉄」に置き換えられたことは、単なる素材の変更にとどまらず、工事に求められる技術水準の大幅なアップデートをもたらしました。

　従来の職業的土木従事者においても、大工やとび等の一定の専門的技能は求められていたものの、大半はモノを運ぶ、組み立てるといった単純施工でした。労働集約的な機能さえあれば、請負工事は可能となっており、先で述べたように"土木事業の経験のない有象無象"の参入ハードルは比較的低かったと言えます。しかし、大幅な技術水準のアップデートを求める産業革命により、鉄筋コンクリートが土木・建築業界に導入されるようになり、そうした従来の単純施工型の土木・建築従事者のみでは工事対応が困難な事業環境へ転換していきました。

　鉄筋コンクリートを扱える事業者は、技術の進歩を見据え、施工体制の整備、新たな技能労働者の要請への対応、あるいは必要な設備の機械化を続けてきました。こうした一連の技術変革により、土木・建築事業の専門職集団としてのゼネコンが誕生したと言えます。すなわち、都度の工事に

対する労働人材の集約や、既存技術の維持・向上、人材マネジメントシステムに加え、設備・機器による生産性向上に資する投資を行う近代的な企業体への生まれ変わりです。

逆に言うとこの流れに乗れない旧来型の労働人材の集約のみを機能として持つ会社は、徐々に市場から退場することとなりました。そして、この時代の転換を乗り切った成功体験を源流として日本のゼネコンは"技術へのこだわり"や"研究開発機能の内製化"を重視する傾向が強くなります。

現代において、日本と同様の形態のゼネコンとは言い切れませんが、あえて日本のゼネコンに近しい海外企業と日本のゼネコンの特徴の違いを挙げるとすると、最初に技術に対する研究開発の内製化の話が出ます。歴史的な背景に根差した組織慣性力を感じます。

また、それと同時に鉄筋コンクリートやそれを扱う施工機器、機材を供給する機能（素材／施工機器メーカー、専門商社等が果たす役割）もバリューチェーンに組み込まれることになりました。これにより、ゼネコンを中心とした事業構造はさらに規模を拡大していくことになります。なお、ここ数十年の事業環境変化に伴い、一度ゼネコン内に組み込まれた機能の切り出しが進展しています。今後もさらにこの切り出しの傾向は強まると考えられ、いわゆる、ゼネコンの"商社化"は加速していくと想定されます。

ゼネコン2.0〜建設行政の始まり〜：大正末期〜終戦

1923（大正12）年9月1日に発生した関東大震災は、わが国最大の被害をもたらした自然災害で、マグニチュード7.9、死者は東京・横浜で約10万人、下町区域を中心に東京の46％、横浜の28％が大火災で焼失しました。その復興需要により、大正末期から昭和にかけて多くの建設事業者が生まれました。

関東大震災の復興に伴う区画整理事業や街路網・橋梁の整備のほか、この時期には国内・国外双方での発電ダム建設、大陸における鉄道建設、さ

図表1-1　1936～40（昭和11～15）年の大手事業者の平均年間工事消費高

会社名	平均年間工事消費高（万円）
大林組	11,800
清水組	9,371
大倉土木	6,274
竹中工務店	4,834
間組	4,300
西松組	3,471
鹿島組	2,804
鴻池組	1,956
錢高組	1,955
広島藤田組	1,787

出所：吉川修『日本の建設業』岩波新書、1963年、p.21

らに戦争末期に資材も労力も不足している中で開通させた関門海底トンネルなど、大土木プロジェクトが進められました。これらは戦後復興や高度経済成長を支える技術的基礎となったと言われています。

　土木技術水準が大きく引き上げられると同時に、近代的な企業体への生まれ変わりの波・不況の波の中で中小事業者が淘汰され、今日にも続く大手事業者の地位が固まる時期でもあったと言えるでしょう。

　その一方で、そのような時期であっても年間工事総額に占める上位10社のシェアは2割程度と非常に分散した市場であったことには留意が必要です（図表1-1）。

ゼネコン3.0 ～技術力がゼネコンの武器に～：戦後～平成

　太平洋戦争後に発生した復興需要は、戦前から業界の分散化傾向を一層強めることになりました。占領軍からの案件も含めた無数の建設工事が発注され、それを求めて零細・小規模の事業者が一気に参入します。また、

この時期の案件は占領軍を除いて大規模工事が比較的少ない傾向にあり、それも市場の分散化傾向を加速する一因となりました。

その後、朝鮮戦争後の好景気に後押しされた都市開発ブーム、成長産業を支える電源開発需要といった大型事業の増加により再び大手事業者の地位が向上します。このように零細・小規模事業者も大規模事業者も併存したまま昭和30年代に始まった高度経済成長になだれ込み、20世紀における業界構造とそれに基づく業界慣行が固定されるに至ります。

長期的な市場成長への展望を背景に受注者側としては発注者との安定的な関係構築・維持を模索するようになります。結果、追加費用の発生等の取引に関するリスクを営業活動や業界特有の"貸し借り"の名目で受注者側が積極的に引き受けるようになります。これは、直営を起源とする建設工事において「発注者」の地位が相対的に高かった状況もこの傾向を助長したと考えられます。なお、規模拡大＝リスク量の拡大にもなることから、意図的に高い目標を設定して、積極的に成長を志向することには慎重になる企業風土の原型にもなりました。

一方で発注者側も高度経済成長の恩恵を最大限受けるべく、自社の人員リソースをコア事業に集中する経営判断をすることとなります。そのため、事業運営上は重要なアセットと言える建設物ではあるものの、それを建設する工事管理等の業務はノンコア業務となることから、発注者側の発想としては、できるだけ内製化をしたくないと考えます。結果、受注者側のリスクを含めてさまざまなことを引き受けてくれる方針に乗っかり、また工事の進め方や下請けを含む外注方針についても口を挟まない「お任せ」の傾向が強まりました。

発注者側としては納期どおりに工事を完成してくれることのみが自社事業の運営上の大きな利益の源泉になることから（ビルの営業や工場の操業が遅れることを想像するとわかりやすいと思います）、"なんとかしてくれる"ゼネコンとは良好な補完関係（すみ分け）の構造・慣習ができてきました。

このことは、発注者側に細かい価格の妥当性のチェックやプロジェクト

のリスク管理等のノウハウが蓄積しないまま市場が大きくなったことにもつながります。そして、これは同時期に公共投資が増加する中で公共工事の入札制度にさまざまな問題が指摘された事象とつながることとも整合的に理解できます。

　この関係は、発注者と元請けとなるゼネコンとの関係だけでなく、元請けから下請けに連なる重層的な工事の末端まで浸透し、固定化されていきます。発注者側と受注者側の合理的な経済活動の結果、戦前から続く分散型の市場構造や重層的な下請契約関係等といった現代でも指摘される課題を固定化してきました。

ゼネコン4.0〜業界慣習から抜け出せるか〜：平成〜令和

　平成も後半となると、少子高齢化が顕在化し始め、日本全体として右肩上がりの成長が見込めなくなってきました。国内の建設投資は1992年度の84兆円をピークに減少傾向が続き、2010年度にはピーク時の約50%まで減少しました。その後は東日本大震災の復興需要や民間需要により幾分増加傾向にあるものの、60兆円規模と、ピークから20兆円落ち込んだ状態にあります（図表1-2）。

　また、他業界で多くの日本企業がグローバルでの競争に晒され、変化しようとしていく中で、国内ゼネコンのビジネスモデルには大きな変化は見られませんでした。いわゆる“お施主様”からの受注を競い合って獲得することが平成になっても続く営みであり、ゼネコン業界の固定化された慣行は変わらぬままです。ゼネコン各社は“来た球を打てる”ことが重要な競争力と考えており、自ら選択と集中を行うことなくすべての工事に対し幅広くフォローすることこそが重要であるとして事業運営していることも大きな特徴と言えます。特に準大手〜中堅ゼネコンにおいては、業界他社とほぼ似通った中期経営計画を立案するケースが散見される等、横並び・均質化の状況が顕著です。

　2010年代にも震災やオリンピックといった内需への対応が求められ、縮

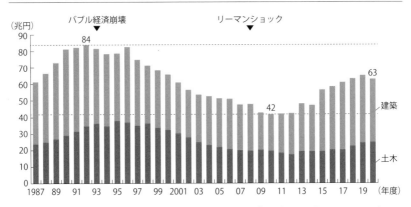

出所：日本建設業連合会『建設業ハンドブック2001』2001年、p.6、『建設業ハンドブック2020』2020年、p.6

小トレンドにある国内市場からグローバル市場での事業強化に向けた経営資源配分先の変更という判断と実行も先送りになりました。これもある種の合理的な経済活動の結果と言えるでしょう。

　しかし、この影響は大きく、グローバル市場への進出により直面する課題に対する解決行動を通じて得られるはずだった戦略や経営の高度化・多様化といった、ゼネコンのケイパビリティ（組織能力）の刷新・強化が少なくとも10年は遅れたと感じています。

　一方、そうした緩やかな衰退においても慣行を維持し続けるゼネコンが多い中で、この状況からの脱却を志向する企業も散見されます。象徴的なのは、これまでの請負型（≒単発受注のフロー型）から、提案型（≒建設＋自社事業運営のストック型）にシフトする動きです。その動きについては、次節にて解説します。

1.2　建設業界の構造

　前節で述べた歴史と変遷を経て、建設業界は特徴的な構造を持つようになりました。具体的にはよく言われる、多重下請構造であること、規制業界であること、（横並び意識が強く、「談合体質」であり）企業間の競争が弱いこと、です。

　まず、これらについて解説します。次に、準大手ゼネコンにおける特徴的な動きをご紹介した上で、業界構造の変化の兆しについて述べます。

多重下請構造

　ゼネコンの歴史と変遷の節で振り返ったとおり、建設工事の巨大化・高度化に伴い、単純労働者から機能別に専門性を持った従事者が生まれ、そして施工機能の細分化に伴い、従事者も細分化されていきました。ゼネコンというマネジメント機能を持つプレーヤーが、それら機能別従事者を集約・組織化し、各種工事を実行するのが、現在の建設業界における基本的な構造になります。

　機能別従事者の集約・組織化自体は、多種多様な工事を柔軟に施工していく上では必要不可欠なものと考えられます。施主が個別機能を調達・管理するのではなく、代わりに施主の意向を受けたゼネコンが必要な機能を調達し、全体のマネジメントをするという、効率的なフォーメーションの1つとも言えます。

　結果として、この体制によって施主の意向を受けるゼネコンが元請けとしてパワーを持ち、実際に建築工事のための機能を提供する機能別従事者はゼネコンから仕事を発注してもらう立場となります。そして、施主ではなくゼネコンの指示に従うという、いわゆる下請構造になっています。また、機能別従事者が非常に細分化されていることにより、複数の機能別従

事者を束ねる中間的な事業者も登場するようになり、それら事業者がゼネコンから受注をするという、多重下請構造も生まれています。繰り返しになりますが、この構造自体、つまりはゼネコンが必要な機能を他企業に下請けしてもらい、自らはマネジメント中心になるということ自体は問題ないと考えています。

ここで課題と考えている多重下請構造とは、ゼネコンが自社でマネジメントすら実施せず、自ら果たすべき業務・機能を単純に他の下請事業者に丸投げし、その利益だけを享受する、いわゆる「ピンはね」状態になっているものを指しています。「ピンはね」という言葉をあえて使っているのは、上位（あるいは中間）のゼネコンが本来果たすべき機能を果たしていないこと、またそれによって下請けとなる下位の機能別従事者の利益が不当に失われることを表現するためです。

こうした「ピンはね」が業界の経済面・人材面での非効率性、例えば下請構造間で発生する課題の取りこぼしに起因する工期遅れや想定外の事故、そして偽装といった事案の温床になっているということは、建築業に携わる方々にとっては自明の、そして苦々しく思っていらっしゃることではないでしょうか。

一方、そうした多重下請構造は、利益の不誠実化だけでなく、ゼネコン自体の能力を強化するための機会損失にもつながってしまっていると考えられます。多重下請構造により、ゼネコンがマネジメントを下請けに丸投げしてしまうことで、ゼネコン社員は現場から遠ざかり、現場の課題や顧客からの期待に対する理解を弱めてしまいます。現場を知らなければ課題を知る機会が失われ、それが課題であるという肌感覚も薄れてしまい、結果的にゼネコン自身の業務の改革や、デジタル化への対応の遅れにもつながってしまっていると考えられます。場合によっては、自らの本来持つべき機能やポジションすら、近い将来には失ってしまうかもしれません。

事業効率化の側面から考えると、コア事業への集中やノンコア事業の切り離しといった思想に基づく、真っ当な企業行動として説明をつけることはできます。しかし、この企業行動を成り立たせるには、業務を任せる際

の接点でのルールやSLA（Service Level Agreement）を定めるといったことにも同時に取り組む必要があります。つまり、業務を任せる側が任せた側をモニタリングする責任を果たさなければ、単に左から右に流すだけの、価値を産まない事業体になってしまいます。

　そして、この丸投げにより生じた多重下請構造の下で発生する「ピンはね」状態が、2次請け、3次請けといった下請事業者の限界収益を押し下げ、事業体力を奪っています。裾野の事業者が弱ることで、新たな雇用が生まれず、建設業界の人気低迷や、一人親方等の歪んだ雇用体系を生み出すなど、前述したように建築事業への求心力を失わせることにもつながっています。

　短期的な利益を追い求めたことが、長期的には自身の首を絞めるという皮肉な結果を招いているとも言えましょう。ただし、そうした課題について、ゼネコン自身も気づいていないわけではありません。

┃ピラミッド構造と「ダイヤモンド構造」

　一部繰り返しの話となりますが、ゼネコン業界は建設工事の巨大化・高度化に伴い、機能別に専門性を持った従事者が生まれ、細分化されたことにより、少数の企業が大多数の企業をリードする、ピラミッド型の下請構造となっていると、従来言われてきました。

　この構造はスーパーゼネコンを頂点に、売上高区分を基準として呼び方を分けるのが一般的です。売上高1兆円を超える、清水建設、大林組、大成建設、鹿島建設、竹中工務店の5社は"スーパーゼネコン"と呼ばれ、業界のリーダーと見なされています。3,000億〜6,000億円の"準大手ゼネコン"、1,000億〜2,000億円の"中堅ゼネコン"にそれぞれ10社程度位置づけられ、1,000億円未満の"地場ゼネコン"はさらに数多く存在します。また、ここまで説明してきた機能別従事者の多くは、そのピラミッドのさらに下に位置し、数千〜数万規模で存在するとされています。

　この区分が一般的にも使われる理由の1つとしては、元請けとして引き

受け可能なリスクが企業規模により異なることも挙げられます。ゼネコンの規模によって引き受け可能な工事規模も異なるため、発注者側もゼネコンの規模を重視するようになります。工事においても実態として企業規模によるすみ分けがなされている構造となります。

　一方で特に地方においては、前述した建設業就業者の減少や高齢化が、このピラミッド構造に少し変化を与えています。具体的には、「あの地域で鉄骨作業を実施するには、もはやあの工務店にしか頼む会社が残っていない」といったようなケースが増加しています。これまで下請構造における末端に位置してきた小規模の機能別従事者において、その身体的・経営的な体力の減少で廃業が増加することにより選択肢が減少しているのです。こうした減少の原因は、経営者の高齢化や事業承継の難しさといった、日本における普遍的な問題だけでなく、ここまで繰り返し述べてきた下請構造における利益の減少も大きな要因であると考えます。本来であればピラミッドのように広がっていた事業者構造が、末端に近づくにつれて事業継続が困難になって廃業してしまい、結果的に真ん中のレイヤーが膨らむ、いわゆるダイヤモンド的な構造に変わり始めているのです（図表1-3）。

　この「ダイヤモンド構造」が見られる地域においては、適時適切な建築事業者による施工が実現できなくなる、ということです。つまり建設サービスを利用する事業者にとっては、必要なタイミングでアセットの調達やメンテナンスができなくなる事業機会損失のリスクを負うことになります。このリスクは、住宅やオフィスのようなアセット自体から生じる収益（賃料・売買益）を源泉とする事業者にとって重要な問題と言えます。非稼働の時間増加＝収益機会減少となるからです。そしてさらに、事業収益に応じた収入を見込むオペレーショナル・アセット（商業施設やホテルのように売上歩合による商品売上の一部徴収）により収益を得る事業者には、より深刻な問題となります。

　反面、ゼネコン事業者にとっては事業機会とも捉えることができます。例えば、工業化工法の導入促進もその一例です。全体をマネジメントする

図表1-3　業界のピラミッド構造とダイヤモンド構造

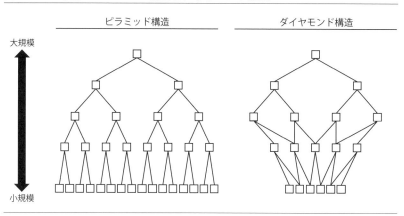

ゼネコンとしては、本来は効率化のために工業化工法を導入したかったものの、現場の小規模事業者は細かい収まりや現場での調整が利きにくいことを理由にあまり好まないために、その導入はなかなか進んでいませんでした。しかし、こうした事業者不足の状況では、効率性を重視するしかなく、現場も受け入れざるを得なくなります。こうした背景により、パワービルダーが中心であった戸建住宅の工業化工法が、年間棟数が1桁、あるいは2桁前半の小規模ビルダーや工務店にまで広がりつつあります。

　当然、その導入には乗り越えるべき各種ハードルは存在しますが、裾野におけるダイヤモンド化という、避けられない構造変化は、そのハードルを飛び越えさせる動機となる可能性があるでしょう。ボトムの事業者の減少はプラスとマイナスの影響を持ちながらも、建設業界全体に変革を求めていると考えます。

建設業界をめぐる規制

　建設業界はさまざまなルールで規制されています。建設業法はもちろんのこと、建設投資における公共事業のウエートが高いことから発注者とし

ての公共部門の行動を規律した入札制度もそうですし、製品・サービスの
みならず契約主体間の関係性が取引に与える影響が大きいことによる独占
禁止法、建築物に対する基準（建築基準法等）、土地利用に関する基準（都
市計画法等）、従事者に対する規制（建築士法、労働安全衛生法等）、取
引・民事責任に関する規律（民法、住宅瑕疵担保責任の特例に関する住宅
品確法や瑕疵担保履行法、標準請負契約約款等）、知的財産権に関する
ルール（著作権法、意匠法）、法令違反に対する刑事法制等、関係するルー
ルは非常に幅広くなります。

　これらが建設業界の企業・従事者の行動を、直接的・間接的にさまざま
な断面から規律してきたことにより、全体として第3章で詳述する「業界
OS」を生み出してきたと言ってよいでしょう。そのため、先ほど紐解いて
いった歴史と重なる部分もありますが、改めて体系的に、ルールの側面か
らも整理をしておきます。

建設業法と入札制度の変遷

　建設業法は、1949年に制定され、「建設業を営む者の資質の向上、建設
工事の請負契約の適正化等を図ることによって、建設工事の適正な施工を
確保し、発注者を保護するとともに、建設業の健全な発展を促進し、もっ
て公共の福祉の増進に寄与することを目的」にしています。その意味では
建設業界を規律するルールとして最も基本的なものと言ってよいでしょ
う。その後1971年に登録制から許可制になるなど、数次の改正を経て今
日の姿になっています。

　制度改正の経緯・内容は類書に譲るとしても、建設業者の数は上記改正
のあった1971年の19万社から10年間で約50万社まで大幅に増加している
点は注目に値します。許可制度が導入される業界は、事業・業界・技術に
必ずしも精通していない需要側（発注者）が不当な不利益を被らないよう
に、行政がチェックをして能力が十分でない事業者を市場に参入させない
ようにするとの考え方が一般的です（いわゆる「情報の非対称性」を行政
が補完する仕組み）。建設業許可制度は、むしろ導入後に許可業者数が大

きく増加しており、この時期に創業した企業が多かったとしても、上記の参入規制の目的を果たしているとは言いがたいのではないでしょうか。

　一方で、公共工事の入札参加資格審査には同法で定められた経営事項審査を受けた上で、公共事業の実施主体ごとに入札参加資格名簿に登録されることが必要になり、この登録上の格付けで受注できる公共工事の額の上限が決まっています。公共工事に関しては、かなり強い参入規制の一部として機能していると言えるでしょう。

　その後1980年から90年代半ばまでにおいて米国からの市場開放圧力がかかった際には、「大型公共事業への参入機会等に関するわが国政府の措置について」（昭和63年5月閣議了解）や、日米構造協議、GATT（関税および貿易に関する一般協定）のウルグアイ・ラウンドでの妥結、WTO協定、その後の日米建設行動計画レビューなど、数々の制度対応が重ねられました。

　こうした動きは、排他的取引慣行の改善、独占禁止法の運用強化など建設業界を変化させた側面が強調されてきたように思われますが、内需拡大のための公共事業拡大を通じて、むしろ業界のOSを固定化した面もあるのではないかと考えます。事実、こうした市場開放の動きが進んでも海外企業の日本への参入が進んだという評価はまれであり、当時の外国法人の建設業許可業者数を見ても、そのような評価を下せるかどうかは難しいところです（図表1-4）。

　一方、公共調達に関するルールの変更が、談合の厳しい摘発（埼玉土曜会事件など）を生み、90年代から急速に進んだ入札制度改革による急速な一般競争の導入につながったことは周知の事実でしょう。この抜本改革が折しも政権の公共投資削減の方針と重なり、ダンピング等の今日指摘される事態の引き金になったことには第4章（「4.2土木の戦略オプション」中「複層的に関連する課題」）で改めて触れることにします。

　こうした一連の流れを見ると、「……を許可制にする」（許可のない事業活動の制限）や、「……を義務づける」といった行為規制に劣らず、取引に関するルールも業界を規律してきたと言えるでしょう。個別性・不確実

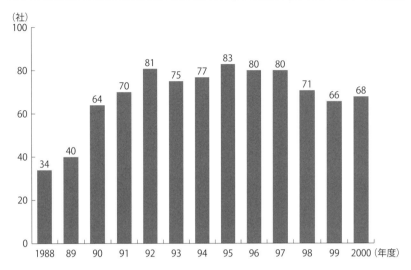

図表1-4　建設業許可業者のうち外国企業数の推移

注：建設業許可取得企業数を示す（外資50％以上の法人を含む）
出所：日本建設業連合会『建設業ハンドブック2001』2001年、p.31

性の強い建設工事の性格から、契約相手の選定、契約内容の記述・変更、
費用・リスクの分担などの面において、契約が非常に複雑になる市場・業
界であることも一因になっていると考えます。こうした土木・建築の特性
は、業界の抱える本質的な課題を論じる第3章で改めて詳述します。

　公共工事の入札の参加資格審査や標準請負契約約款など、本来は契約当
事者間の判断に任されるべきものが、ガイドラインとしてあたかも制度の
ように機能している面があります。これは、前述の建設ならではの契約の
複雑性を緩和するために業界内の知見や工夫が蓄積されてきたものとも言
えるでしょう。こうしたガイドラインもまた多層的な取引関係を伝播して
業界の隅々の取引に行きわたり、「業界OS」を形成・固定化していた面が
あり、その変更は「業界OS」を変える可能性があると考えています（例
えば、標準約款において契約内容を修正する権限の変更により「発注者主
義」が薄まることが指摘されるなど）。

　また、2020年4月から施行された民法改正により、瑕疵担保責任に代わる契約不適合責任が位置づけられたことによる影響が指摘され始めています。こうした取引ルールの変更が本格的にどこまで業界のあり方に影響するかは今後も引き続き注視が必要でしょう。

規制の考え方

　少し視点を変えて規制をもう少し掘り下げてみましょう。

　「こんな規制があるとわが社の事業にとって有利なのだが」という話を時々耳にすることがあります。基準をクリアできる水準の自社製品のシェア拡大や、規制への対応に必要な顧客の業務の拡大で自社製品・サービスの需要が増えることがイメージできるためでしょう。また、競合他社の「安かろう・悪かろう」（に見える）の製品・サービスが駆逐されること、需要側（発注者）のリテラシーが高まることを期待している面もあるかもしれません。

　しかし、そうした規制が実際に都合よく導入されることは決して多いと言えないのは読者もご承知のとおりです。

　前述のとおり、規制には何らかの行為を求めるもの（建築基準法も広く見れば基準をクリアする設計・施工を求めるという観点からこのカテゴリーに入るでしょう）と、取引上のルールを定めるもの（より正確に言えば民法や商法のような、取引の一般ルールに特別なルールを設けるもの）、の2つに大別できます。上記のような会話では、前者の行為規制型をイメージされていることが多いと考えられます。

　こうした規制が導入されるには、政策当局での検討から始まり政治的な決定プロセス（基本的に規制の新設・変更は法律や条例などに明文化した上で議会の議決が必要）と完了するまでの長い道のりを経ることになります。規制の導入自体は公共政策のツールとしては非常にオーソドックスな手法ではありますが、政策当局においておおむね以下の点について検討がなされるのが一般的でしょう。

- 規制（行為規制）の導入が、業界関係プレーヤーの望ましい行動を誘

発して社会に望ましいインパクトを与えるか。

- 類似領域ですでに導入された規制の成功パターンと同じメカニズムになっているか（他国・他領域におけるベストプラクティスの研究）。
- 規制の導入には副作用を伴うことが多いが、それを最小化する方策を規制のプログラムの中にどのように埋め込むべきか。
- 規制のプログラムそのものに位置づけなくても、副作用を最小化する方策を打つ必要があるか（これは主に規制導入の準備期に行う事業者向けの講習会やマニュアルの作成などが該当する）。
- 規制のエンフォースメントを設計できるか。つまり基準の適合性を客観的に証明させ、それを客観的にチェックする方法があるか。
- エンフォースメントを実施するのは誰なのか、対応できる体制があるか、コストがかかりすぎないか。
- 規制の導入にどの程度の準備期間が必要か、準備のためにどの程度のコストが必要か。

　こうして考えると、例えば「カーボンニュートラルの達成のために規制を導入すべきだ」といった声を挙げても、規制が導入されるにはさまざまな条件が整う必要があるとわかります。一方で、規制は言うまでもなく社会課題を解決したり、業界の水準を底上げしたりする上で強力な手段になることも確かです。こうした規制について、政策当局の外から規制に向き合う側にいるわれわれも知っておいて損はないでしょう。

▎企業間の競争状況

　ゼネコンはあまり差別化されていないと言われることがあります。確かに、（一部の企業を除いて）以下のような状況が当てはまる企業が多いように見受けられます。それが他社と大きく異なったことをしていない、似たような企業が多く存在するという印象を生んでいるのではないかと思います。

- 営業、設計、調達、施工と一通りの機能を保有。
  → 調達機能の外注化等、保有機能の選別は行われていない。
- 非重点領域の案件でも見送らない。
  → 新型コロナウイルス後の物流倉庫のように市況に応じた重点が定められることはありますが、非重点の案件を断り、重点の案件数を増やすようなレベルの重点化はまれで、間接人員や予算（例えば営業支援の派遣社員やツールの予算）の配分に影響を与える程度。
- 強みとする機能の自覚が乏しい。
  → 他業界で見られるような、提案営業、デザイン力、生産方式等、機能別の強みを明言される企業は少ない印象。
- 保有している技術は同セグメントの他社と同程度。
  → 耐震・免震・制震等、得意な技術を挙げたとしても、他社と比較すると大きな差があるとは言えない。
- 新規技術開発の重点は他社と類似。
  → 現在は、多くの企業が生産性向上のためのロボティクス技術やAI（人工知能）技術の開発に注力。
- 新規事業開発の重点は他社と類似。
  → 現在は、多くの企業が再生可能エネルギー関連に注力。

　これに対してわれわれは、「ゼネコンは横並び意識が強い」「談合体質である」などと短絡的に考えるものではありません。前節（1.1 ゼネコンの歴史と変遷）や本節前半でも述べたとおり、これらは、歴史的な経緯、高度経済成長における建設需要の急増や、断続的ではあったもののその後も継続した市場拡大といった、全世界・全産業を見渡しても極めて特殊な長期成長市場の中で各社が下した合理的な判断の集合体ではなかったかと考えています。国家が量を追い求める経済成長をする中で、類似性の高い工業製品・産業インフラ・住居が求められてきました。そのような環境下では、いち早く需要にアプローチして、「市場の勝ち筋」に自社の戦い方を合わせていくのが賢明でしょう。

一方で、第3章で述べるように、今後は市場の拡大が大きく望めない中で課題が顕在化するなど事業環境が厳しくなっていくことが予想されます。その中で、各企業が自社の強みを研ぎ澄ませながらその課題を解決し、その先に拓ける市場にアクセスすることが新たな「勝ち筋」になると考えます。

　その際に必要なことはトップがリスクを取って推進することです。自分が得意な領域が非重点になってしまう人や、外注化によって自分の仕事がなくなってしまう人は、こうした重点化に反対するでしょう。また、明らかに市場が伸長している物流倉庫、明らかに対応が必要な生産性向上の技術開発や再生可能エネルギー関連事業とは別の領域への投資を増やすことは、ローリスク・ローリターンからハイリスク・ハイリターンの方向へ事業ポートフォリオを変化させることを意味します。

　競争優位性の構築にはこうしたハードルを乗り越えて行かなければなりません。現在がこのような岐路にあることを認識し、横並び意識から脱却することが重要と考えます。

▌3,000億円クラブの憂鬱

　ゼネコン各社の階層的な業界構造において、直近10年ではその階層間を跨いで移動する（例えば準大手からスーパーへの成長、あるいはその逆）ような、大きな変化は見られないものの、各階層における事業者間での順位は変動しています。特に顕著な動きを見せるのは、準大手階層におけるトップ3社である、長谷工コーポレーション、五洋建設、フジタの躍進ではないでしょうか。一方、この3社以外の準大手ゼネコンは "3,000億円クラブ" と呼べるような状況にあり、差別化へ向けた顕著な動きがあまり見られません（図表1-5）。

　まず長谷工コーポレーションなど3社の動きを振り返ると、10年前では準大手階層において、売上ベースで中間ぐらいのポジションにありましたが、現在はスーパーゼネコンに次ぐ準大手ゼネコンのトップ3を占めてい

図表 1-5　ゼネコン業界のプレーヤー分布とゼネコン 24 社の売上高（単体）

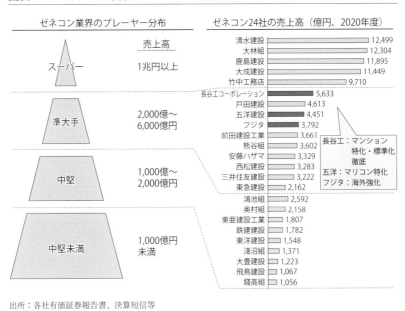

出所：各社有価証券報告書、決算短信等

ます。具体的な売上高で見ると、2020年度は2009年度の倍近い、5,000億円規模にまで成長しています（図表1-6）。

重点化の重要性

　なぜこの3社は躍進を遂げたのか。共通して読み取れるのは、それぞれの特徴を対外的にも明確に持った上で、その特徴を軸とした戦略・事業の仕組みが構築されてきていることではないでしょうか。例えば"マンションの"長谷工、"マリコンの"五洋、"海外の"フジタ（2000年代初頭は"物流倉庫の"フジタ）等、各社を語る際にはその得意領域を示す、わかりやすい枕詞が付くというのはその好例でしょう。ここでは比較的公開情報の多い長谷工コーポレーションと五洋建設を取り上げます。

　ゼネコン各社の方に長谷工コーポレーションの話をすると、「長谷工さ

図表 1-6　準大手事業者の売上高（単体）の変遷

2009 年度

社名	売上高（億円）
戸田建設	4,526
西松建設	3,903
長谷工コーポレーション	3,035
五洋建設	2,974
前田建設工業	2,883
三井住友建設	2,753
フジタ	2,402
東急建設	2,314
熊谷組	2,110
安藤ハザマ	1,802

2020 年度

社名	売上高（億円）
長谷工コーポレーション	5,633
戸田建設	4,613
五洋建設	4,451
フジタ	3,792
前田建設工業	3,661
熊谷組	3,602
安藤ハザマ	3,329
西松建設	3,283
三井住友建設	3,222
東急建設	2,162

出所：各社有価証券報告書、決算短信等

図表 1-7　長谷工コーポレーションの事例①

マンション建築首位。
土地手当て、計画立案から施工まで一貫モデルを構築

基本情報

会社名	株式会社 長谷工コーポレーション
本社所在地	東京都
設立年	1946（昭和21）年
資本金	575億円（2021年6月30日時点）
従業員数	2,523人（2021年6月30日時点）
企業理念	都市と人間の最適な生活環境を創造し、社会に貢献する
事業内容	・建設事業 　―マンションなどの企画・設計・施工 ・サービス事業 　―建物管理、賃貸管理、不動産売買・仲介 ・海外事業 　―アメリカ合衆国ハワイ州での不動産開発・販売

近年業績

売上高／営業利益（億円）　■売上高　■営業利益

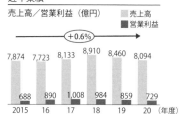

（+0.6%）

	2015	16	17	18	19	20（年度）
売上高	7,874	7,723	8,133	8,910	8,460	8,094
営業利益	688	890	1,008	984	859	729

セグメント構成（2020年度）

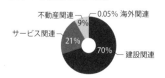

不動産関連 9%　0.05% 海外関連
サービス関連 21%
建設関連 70%

出所：長谷工コーポレーション　有価証券報告書、決算短信等

図表1-8　長谷工コーポレーションの事例②

顧客を絞り込み、こだわる／割り切る部分を精度高く把握し、モノとプロセスの
標準化を推進。標準化をベースに、デジタルの効果を最大限獲得

事業の カバレッジ	■マンションに特化し、バリューチェーン上のすべての機能を提供
	―元は、学校や社宅を手掛ける工務店だが、1964年東京オリンピックの後、マンション事業へ転身
	―通常の建設機能に加え、デベロッパー機能まで提供できる点に特徴

主要な技術およびコンピテンシー		
顧客の選択と集中	・マンション施工に特化 ・新規住宅の供給と既存住宅へのサービスの両方に軸足を置く ・不動産事業を持つ ・国内No.1のマンション設計・施工実績	
標準化の推進（設計・部材・プロセス）	・設計・施工比率が95% ・品質向上や省力化のため、部材の標準化や内装工事のユニット化を拡大（プレキャストコンクリート〈PCa〉、トイレユニット） ・設計標準を設定し、採用率を高める	好循環
デジタル活用	・2020年4月1日、DX推進責任者の池上一夫が社長に就任し、DX推進室を設置 ・BIMの新規物件への100%導入体制が、2020年3月期に確立 ・2021年3月、深層学習による自動設計の研究開始	

んは特殊、ゼネコンではない」という反応がよくあります。しかし、われ
われは長谷工コーポレーションの事例は他社にとって有益な示唆があると
考えます。長谷工コーポレーションの特徴は以下の3点です（図表1-7、1-
8）。

- 用途をマンションに特化している。
- 業務範囲として、不動産購入も行っている。また、設計施工比率が高い。
- IT化が進んでいる。

　この3点はある思想で密接につながっています。その思想とはゼネコン
業界の方には拒否反応の強い標準化です。マンションに特化することによ
りユニットや部材の標準化が容易になります。すると、業務の効率化、資
材費の低減等の効果を獲得できるようになります。

　さらに、土地を購入したり、設計施工案件を増やしたりすることで、標

図表1-9　五洋建設の事例

2019年度には鹿島建設、清水建設、大林組を上回る売上高を実現。
海外へは海洋土木技術を梃子に進出し、現在は陸上土木へ事業領域を拡大

土木事業売上高ランキング

■五洋建設は、売上高を伸ばし、2019年度には2位
　─売上内訳は国内：1,944億円、海外：1,245億円
　─海外比率は約4割

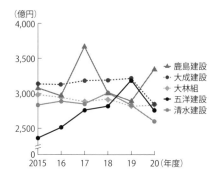

海外展開の軌跡

■スエズ運河の工事（1961年）を皮切りに、海外進出を開始。シンガポールへの進出が1964年、香港進出から30年以上経つ

■海外展開の際、現地の既存事業者のM&Aで展開するのではなく、五洋建設が自ら現地拠点を作り上げる

■五洋建設の技術は国内人材が指導し、五洋の技術力を担保しながらも、現地の人材を雇い、現地の施主から仕事を受注し、継続性を持たせている
　─ODAを目当てとした一過性の進出とは異なる展開
　─シンガポールの高速道路プロジェクトの入札では、高価格を提示したものの技術力の高さで受注実現

■現在は海洋土木で培った技術を活かし、土地造成から生活インフラ整備、住宅やオフィス建設等の陸上土木／建築へ進出

出所：各社ウェブサイト、日刊建設工業新聞、建設通信新聞

準適用範囲を増やしています。また、標準化が進むことにより設計の自動化等の業務IT化が行いやすくなります。

　次に、五洋建設の事例をご紹介しましょう。五洋建設の特徴は以下の3点と考えます（図表1-9）。

- 海洋土木分野ではスーパーゼネコンよりも高い技術力を持つ。
- 海洋土木、陸上土木、陸上建築の売上高は同等。
- 海外売上の内、ローカル企業への売上比率が高い。

　五洋建設はこれらの強みを起点とし、長期的な目線で事業を拡大しています。また、海洋土木を強みとして港湾案件を受注しながら、周辺の陸上

案件の受注を拡大しています。海外でも同様の戦略を取りつつ、国内ゼネコンにとって比較的参入ハードルが低いODA案件よりも、継続・拡大の見込めるローカル企業の案件の受注に力を入れています。

　他社には、長谷工コーポレーションのようにマンションだけに特化することはもちろんのこと、五洋建設のように強みに関連する領域に絞ることすら現実的でないと考えているところが多くあります。建設業は請負業かつ労働集約型の産業のため、ある案件が完了した際に重点領域の次の案件がなければ、非稼働の人員が出る、協力会社の囲い込みができなくなるなど、さまざまな弊害があるからです。しかし、そのようなハードルを乗り越えて強みとする領域を創り出しているゼネコンがある以上、重点領域を決めて標準化を進め、デジタルトランスフォーメーションを加速するようなことは非現実的な話と言い切れないのではないでしょうか。

機能視点の重点化

　長谷工コーポレーションのマンション、五洋建設の海洋土木は、事業領域の重点化の例だったので、機能視点の重点化について補足します。

　現在、準大手ゼネコンの多くはスーパーゼネコンと同様に営業、設計、調達、施工と一通りの機能を保有しています。しかし、今後は保有すべき機能についても重点化が求められると考えられます。その典型的な例として調達機能について説明しましょう。

　従来、ゼネコンにおける調達は作業所ごとに行われることが基本でした。その理由は、各作業所が利益責任を持つ中、調達する資材種類の選定や数量の決定は利益に大きな影響を与えるためです。本社や支店と比較して小さな単位で、各作業所が自らの責任において自分ごととして調達を行うので、細かな点まで配慮することが可能で、利益確保につながりました。

　しかし、最近の厳しい事業環境変化によって、作業所ごとの個別最適では利益確保が難しくなってきています。そのため、高価な資材を中心に本社や支店が標準資材を決定し、一括購入することで、大量購入による値引きを実現する動きが出てきています。

この動きに適しているのはスーパーゼネコンです。規模が大きいため、本社や支店の調達部門を持つことができる上、資材購入量も多いため、効果が出やすいと言えます。一方、準大手以下はその逆で間接部門の設置や大量購入が難しい状況です。つまり、スーパーゼネコンは調達を競争優位性実現のための1つの手段にすることができますが、準大手以下は難しいと言えるでしょう。

　このように作業所ごとの調達業務が競争優位につながらなくなる状況下で考えるべきことは、自社で持つべきか否かということになります。事業環境変化の影響を最も受けやすい現場ではすでにこの点の検討が行われており、むしろ行わざるを得ないというほうが正確かもしれません。具体的にはゼネコンの職員数が極限まで削減される状況においては、調達を正社員に担当させるのではなく、派遣社員を活用しています。ただし、調達はスキルが必要な業務のため、ゼネコンを退職したシニア人材が派遣されており、実際にこのような建設業専門の人材派遣会社が成長していると言われています。

　ゼネコンの経営層としては、このような状況に対して他業界や他社が提供するサービスを待つのではなく、課題解決がビジネスチャンスであると捉え、戦略的な動きをとることもできるでしょう。例えば、複数のゼネコンの共同購買を実現するプラットフォームのような話は以前から聞かれているもののなかなか進んでいません。誰かが構築したら利用するという待ちの姿勢の企業が多いと感じます。

　もちろん、「チャレンジしたがうまくいかなかった」という企業もあるでしょう。しかし、過去の失敗があっても現在再度チャレンジする価値のあるトレンドがあります。それは建設に必要な個々の資材に関してさまざまな情報を持たせることができるBIMの進展です。

　以上、保有すべき機能を検討する例として調達機能を挙げて説明しました。事業環境が大きく変化する中、機能視点からも重点化の検討が必要になるでしょう。

戦略的重点化の必要性

　これまで準大手以下のゼネコンは、スーパーゼネコンと同じように"お施主様"の意向に合わせ、フルラインアップ、全方位型の経営方針を選択してきていました。より正確に表現すると、全方位型を前提としつつ、「病院に強い」「トンネルや橋梁に強い」といった領域別の細かな特徴を、施工実績に基づいて各社がアピールしてきたというのが実態に近いでしょう。

　しかし、先にご紹介した成長している準大手の3社は、端的に言うと全方位型戦略から特定領域へのフォーカスへ、経営方針だけでなく組織・機能・仕組みといった点までも変更しました。われわれがゼネコン各社の方と討議をしていると、各社には経営危機に陥ったからフォーカスせざるを得なかったという歴史があり、彼らからは結果として立ち位置を変更しているだけだ、といった声も聞くことがあります。ただ、変更のきっかけは何であれ、その戦略の変更と実行により、横並びの状況から抜け出し大きな成長を遂げたことは間違いないでしょう。

　数値面だけを見るとトップ3社以外の準大手ゼネコンは"3,000億円クラブ"として似たような状況にあります。こちらも「ゼネコンあるある」の小話の1つとして、社名を隠すと、中期経営計画や方針を見てもどのゼネコンかわからないという話があります。これはもちろん公開された中期経営計画という、サマライズされた情報に対するものです。10年という長期間にわたって、準大手に位置づけられる売上を維持してきたこと自体は、この変動の大きい世の中では立派な結果であり、批判されるべきものではありません。

　この横並びに近い状況から抜け出すには、前述したトップ3社の動向に鑑みると、準大手ゼネコン内での他社との差異化、スーパーゼネコンとの差異化が必要になることは間違いありません。われわれがトップ3以外の準大手ゼネコン（や中堅ゼネコン）の方とお話しすると、この差異化の必要性自体には気づいていらっしゃいます。しかし、これまでの蓄積、すなわち、複数年にわたって着工から完工までの工事完了基準に基づき確実な

収益が予測できる、既存の収益構造があることが、差異化の実行への本気度を下げてきたのではないかと理解しています。「なぜ、今年、目の前の工期対応に向けて多忙な中、わざわざリスクを冒してまで取り組む必要があるのか?」という、口には出せないものの強い暗黙の認識の下、差異化の実行が先送りされてきたのではないでしょうか。

ただし、最近はトップ3社以外にも、デジタルに強い、工法を含む技術開発に力を入れる、というように、準大手ゼネコン内でも徐々に特徴を際立たせている企業も見受けられます。そのため、10年後には、また違った様相を見せているかもしれません。

組織図から透けて見える本気度

こうしたゼネコン各社の特徴や、戦略転換に対する力の入れ具合は、組織図にも顕著に表れています。基本、多くのゼネコンは、これまで求められてきた社会的役割や立ち上げの経緯から、土木部門と建築部門を2本の柱とした組織構造を持っています。そして、会社によってはさらに海外部門が追加され、最近ではエネルギー系や不動産開発といった領域を担当する部門が、新規事業部門のような位置づけで既存組織とは別に新設されるのが一般的になりつつあります。また、道路工事等、高度な技術や専門性を必要としない、比較的コモディティ化された（汎用性の高い）工事については子会社化する動きも共通的に見られるようになってきました。

しかし、近年ではこうした一般的な区分ではなく、物流やエネルギーといった用途・領域別に組織再編する動きも一部出てきています。すなわち、フルラインアップ、全方位型の経営方針からの転換を、掛け声に終わらせないために、実行の器となる組織の設計まで落とし込む取り組みが徐々に始まっています。組織が設置されるということは、当然その組織の存在する意義や目標が設定され、人が配置され、評価がなされるということです。個別の施策として扱われるのではなく、経営レベルでそうした取り組みが実体を持った組織として可視化されるわけです。

こうした取り組みにはなんでも"お施主様"の意向に対応するような受動

的な組織や文化ではなく、戦略的に自ら攻める用途・領域にフォーカスした能動的な組織や文化へ転換していきたいという意気込みを感じます。

　また、新規事業部門も、「とりあえず世の中の流行に合わせ」て何か新しい領域に出て行くのではなく、明確にテーマ設定を行った上で取り組むゼネコンも増えてきました。背景として、国内工事が頭打ちになる中、新たなビジネスモデルを打ち出し、次に向けた成長を各社模索し始めなければ、いよいよ状況が厳しくなるという、各社の危機意識が一定水準を超えたように見えます。

　各社における、近年の新規事業テーマの多くは、再エネや省エネのような、脱炭素を中心としたESG経営やSDGsといった社会課題のトレンドに準拠したものですが、今後は、このような新規事業活動のテーマ設定自体にも個性が出てくるものと推測されます。

▍業界構造の変化の兆し

　以上、歴史的な経緯も振り返りながら長年固定化されてきた業界構造を概観してきました。

　この中で、われわれはすでに新しい動きが起き始めていると見ています。本節の最後にそれに触れておきたいと思います。

業界慣習見直しのレバー①デジタル化

　これまで建設業界はデジタル化の波が最も遅れている業界の1つと言われてきました。本社の事務作業のIT化は徐々に進んではいるものの、現場は多種多様なものづくりであることもあり、管理・連携すべきパートナー企業は多岐にわたり、またデジタルを担い、活用すべき人材は高齢化が進むというさまざまな制約条件が、これまで建設業界のデジタル化を押しとどめてきました。

　その根底には、戦前から続く分散型の市場構造があり、零細・小規模事業者はデジタル化のような投資を実行するための余剰原資を持てないとい

う事情が存在します。コミュニケーションは"電話とFAXのみ"という「建設業界あるある」は、読者の皆様においても馴染み深い現実かと思います。

しかし、そうした現状に対し、業界としても重い腰を上げざるを得ない状況にあります。法的側面では、2019年に施行された労働時間の上限規制がドライバーとなり、ゼネコン各社へ待ったなしの対応を迫っています。建設業界は特例として5年間の猶予を得たものの、2023年の施行に向けて生産性向上に向けた機械化やデジタルツールの採用、業務プロセスの見直しに取り組んでいます。

現在は、事務作業はもとより、現場業務におけるロボットでの工事補助、AIによる診断、ドローンによる遠隔監視、調査等が実現しつつあります。しかし、このような機械やデジタルツールの導入は、あくまでアナログな現オペレーションのデジタルへの置き換えというレベルにとどまっているように見受けられます。言い換えると、本来オペレーションやデジタルの置き換えにより得られるはずであった効果を、最大限享受できていないのではないでしょうか。

最大限の効果を享受するためには、あるべきオペレーションを再定義した上で、いわゆる、BPR（Business Process Re-engineering）として既存業務の削減、統合、等といった整流化への取り組みが前提となります。BPRなしでのデジタル化は単なる自動化・省力化となり、個別最適の集合体になってしまいがちです。部分的には改善されるものの、全体としてのクリティカルパスは改善されないこともあり、結果的に全体としての業務スピードが上がらなかったり、人手不足の解消につながらなかったりするケースは建設業界以外でもよく見られます。こうした課題を交え、建設業界におけるデジタル技術の活用については、第2章で改めて詳述します。

業界慣習見直しのレバー②戦略立案機能

既存人員についての生産性向上のみならず、そもそもの人材の絶対数と質の低下（熟練者の引退）も喫緊の課題として存在しています。詳細は第3章で改めて触れますが、圧倒的に建設技術者が不足し、現場においても

オペレーショナル・エクセレンスを実現する上で、設計図と実際の建物の行間を埋める、施工上のノウハウや特定の技術知見の承継が大きな課題となることは容易に想像できます。

現在もゼネコン各社で「技術知見の保有者×保有者の年次」を可視化する動きは散見されます。例えばその1つが、技術の棚卸と技術者を可視化する取り組みです。そして可視化された「技術知見の保有者×保有者の年次」をベースに、将来動向を見据え、今後も必要となる技術・廃れる技術、他技術の応用開発に向けて基幹となる技術、外部から獲得すればよい技術といった技術観点で人員体制を評価し、承継に向けた取り組みを進める企業もあります。

このようにゼネコン各社は、生産性向上に向けたオペレーションの見直しや技術承継に向けた棚卸など、すでに手を打っているとも言えます。ただ、そういった備えをしていたとしても、このままではまずいことが起きそうという悲観的な意識が強いことが問題と考えます。楽観的な意識を持てていない理由には、ゼネコン各社に多い工学系のバックグラウンド保有者に見られがちな、曖昧なことをあまり言わない人材が集まって企業文化を形成してきたという、体質的な側面も影響しているのかもしれません。

ただし、それ以上に影響を及ぼしていると思われるのは、それらの取り組みが、「備えとして十分かどうか」、「政治的な判断を極力排除して冷徹な目線で意思決定されたものか」、「実現に向けて適切な資源配分やサポートをしているか」などと改めて問われたときに、Yesと言い切れないという、後ろめたさではないでしょうか。つまり、蓋然性の高い結果に対応するための企業努力が、十分になされていないかもしれない事実（と場合によっては引け目）が、先に述べた「このままではまずいことが起きそうという悲観的な意識が強いこと」の背景にあると理解しており、問題になっているのではないでしょうか。

現在、一部のゼネコンは「請負型」「労働集約型」といった、これまでの経済合理性に基づいた連綿と続く成功モデルに対し、能動的な変革を試みようとしています。これは既存事業の生産性向上への取り組みのみなら

ず、既存事業の枠組みを超えた、あるいは壊す可能性を秘めるビジネスモデル自体の大きな転換への試みと考えられます。

　この動きは新しい経済合理的な行動原理を見据えたものなのかもしれません。ただし、今回の動きはこれまでの環境適応とは異なり、場合によってはこれまでの建設業界の事業環境自体も創造していく動き（＝ビジネスモデルの転換に伴うターゲット市場の再定義）になるのではないかとわれわれは考えています。その実現に向けては、これまでの環境適応的、業界横並び的な対応を戦略と呼ぶのではなく、自社の生き残りをかけた、ビジネスモデルの転換に対応できる戦略立案機能の具備が改めて必要となります。そして、以下のような問いに対する自社としての回答を、各社がそれぞれ持つ必要があると考えます。

- "お施主様"からの発注頼りになりがちな事業計画（＝結果、事業計画も予定積み上げ型）ではなく、ターゲット市場のフルポテンシャルをベースに事業計画を描ける思考になるためには？
- 事業計画の裏付けとなる具体的な領域（含、海外）や、達成に向けた戦略オプションとは？
- 戦略オプションを実現する、自社が活かしうる既存アセットや機能、今後獲得すべきアセットや機能は？

こうした戦略立案機能については、改めて後述します。

1.3 国内建設市場の成長性

　ここまではゼネコンの歴史や業界構造を中心に記述してきましたが、続いてゼネコンが活躍する市場の概観について、解像度を上げたレベルで見ていきたいと思います。

図表1-10　国内の建設投資推移（再掲）

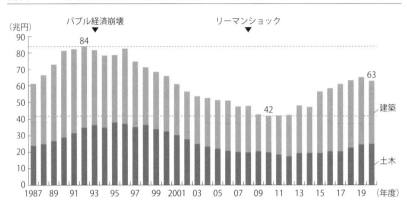

出所：日本建設業連合会『建設業ハンドブック2001』2001年、p.6、『建設業ハンドブック2020』2020年、p.6

　1.1節でも触れましたが、日本の建設投資額は、1992年度の84兆円を
ピークに建設バブルの崩壊とともに2010年度まで減少が続き42兆円まで
落ち込んでいます。その後、東日本大震災の復興需要やオリンピック需要
にて政府・民間共に投資額は回復し、2019年度には65兆円に達していま
す（図表1-10）。

　しかし、2020年度には民間投資額が減少し、また63兆円まで落ち込み
を見せています。この落ち込みは新型コロナウイルスの影響による一時的
なものか、建設バブル崩壊の再来として建設業は厳しい時代へ突入するの
か、全体としては、市場に占める割合の高い住宅の微減と土木の堅調な増
加により、中短期では年平均成長率0.7%とほぼ横ばいを見込みますが、
物件種別のセグメントでは異なる様相を呈します（図表1-11）。物件種別
に投資額増減の要素を追うことを通じ、個別の状況を俯瞰した上で、中短
期への影響が大きい新型コロナウイルスについての見通しを述べます。

図表 1-11　物件別の建設投資額推計

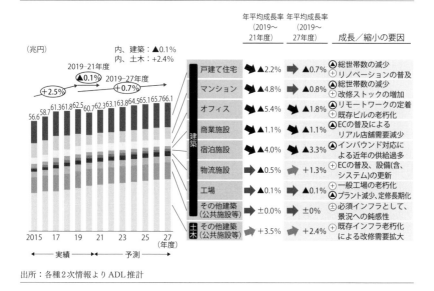

出所：各種2次情報よりADL推計

セグメント別の建築市場の動向

①住宅

　住宅市場は国内民間建設投資額の約4割に当たる約15兆円を占め、建設業界に与える影響が大きいセグメントです。2015年から微増傾向にありましたが、2019年の消費税引き上げに伴う駆け込み需要からの反動減、相続税制改正による貸家建設の投資メリットの低下等から減少傾向となりました。2020年度は新型コロナウイルスに対する政府の緊急事態宣言の発令による事業者の営業活動の停滞等により、前年度比7.5％減と大幅に落ち込んだとされています[1]。

　着工戸数ベースでも近年緩やかな減少が続いています（図表1-12）。世帯数は直近の国勢調査でも増加を続けているものの[2]、若年人口の減少に

1　建設経済研究所「建設経済モデルによる建設経済見通し（2021年4月）」2021年4月28日公表。

図表 1 - 12　住宅着工戸数の推移

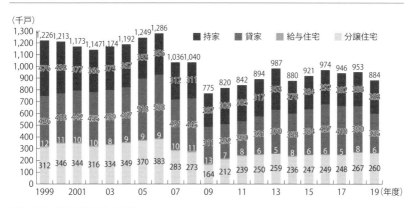

出所：国土交通省「住宅着工統計」

よる1次取得者層の減少、都市部を中心にした優良ストックの積み上がり
等で減少傾向は今後も継続するとの予測が大勢を占めます。

　上記のマクロ的な市場動向をもう少し詳細に見ると、市場動向は一様で
ないことがわかります。分譲戸建は2015年から19年まで増加を続けてき
ました。商品・部材の規格化を進め原価を抑えながら、工期短縮により在
庫回転率を上げていくビジネスモデルで、価格感度の高い1次取得者層等
のエンドユーザーから幅広い支持を受けていると言えるでしょう。年間完
工棟数が50棟に満たない規模の事業者が木造戸建住宅の約5割を占める比
較的分散化した市場と言われる中、こうした分譲戸建住宅市場では年間1
万棟以上を手掛けて成長する事業者が複数現れるなど、一括りにはできな
い市場セグメントと言えるでしょう。

　また、カーボンニュートラル関連施策、長期優良住宅の普及促進など、
住宅性能向上に対する要請が高まる中で事業者の規模による差は一層大き
くなっていく可能性があります。

　新築からリフォーム・リノベーション市場に目を転じれば、優良ストッ

2　総務省統計局「令和2年国勢調査　人口速報集計結果」令和3年6月25日公表。

図表1-13　住宅の建設投資額推計

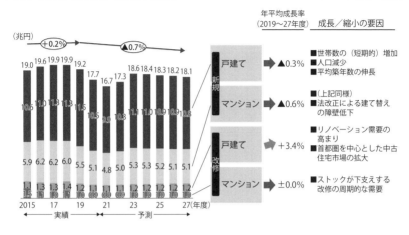

出所：国土交通省「住宅着工統計」等よりADL推計

クの積み上がり、政府の後押し等を受けつつも、市場は横ばいと言えるでしょう。足元では、新型コロナウイルス感染症による「在宅時間の増加により住宅へ関心をもった消費者が増加し、リフォーム需要は回復した」[3]との指摘もあり、さらなる成長にはリフォーム産業の活性化や買取再販で新たなビジネスモデルを創り出すなど、産業側からの変革も必要でしょう（図表1-13）。

②オフィス

　オフィスは建設市場規模の約6％に当たる約4兆円を占めるセグメントです。2015年から2019年にかけてはアベノミクス等による経済回復等を背景に企業の設備投資が増加し、オフィス需要は増加傾向にありました。
　新規に関しては、2024年頃までは建設予定物件数は多く、また、シェアオフィス増加やオフィスレイアウト変更による需要の伸びが見込まれま

3　矢野経済研究所プレスリリース（2021年7月26日付）。

図表1-14　オフィスの建設投資額推計

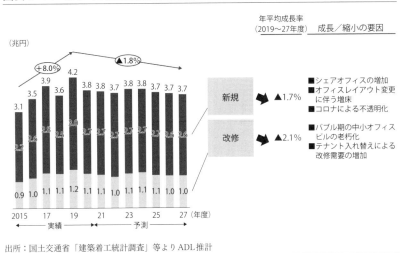

出所：国土交通省「建築着工統計調査」等よりADL推計

　す。しかし、中期的にはリモートワークの進展やシェアオフィス市場の拡大を理由とする需要の不透明感はぬぐえず、早ければ5年以内には減少に転じるのではないかと言われています。

　また、改修に関しても新規と同様のトレンドを見込みますが、ビル老朽化による改修需要に下支えされての減少傾向になるのではないかと考えます（図表1-14）。

③工場

　工場は建設市場規模の約5％に当たる約3兆円を占めるセグメントです。近年は海外移転も一巡し、為替対応やインバウンド需要への対応、メイドインジャパンの品質／ブランドの担保といった複合的な理由で国内回帰も一部見られ、結果として市場は増加傾向を描いていました。

　新型コロナウイルスの影響により新設需要は停滞が見込まれるものの高度経済成長期の建物の建て替え需要や、既設工場の定期改修需要は継続的に発生します。結果、国内製造業が大きな落ち込みを見せない限りは、横

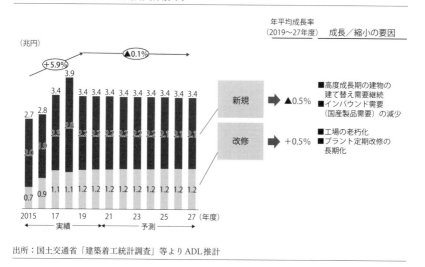

図表 1-15　工場の建設投資額推計

出所：国土交通省「建築着工統計調査」等より ADL 推計

ばい維持が見込まれます（図表1-15）。

④商業施設

　商業施設は建設市場規模の約3％に当たる約2兆円を占めるセグメント
となります。2015年から2019年にかけてはEC普及による店舗販売需要の
減少に連動する形で縮小を続けており、今後も新設需要は減少傾向になる
と言われています。

　また、改修に関してもバブル期に建設されて老朽化した商業施設の改修
需要は、他物件種と同様に一定の水準が見込まれます。しかし、区画整理
を含む大型商業施設への集約・移転需要の高まりや新設需要と同様にEC
による、そもそもの店舗販売需要の減少により全体としては横ばいにとど
まるのではないかと見込まれます（図表1-16）。

⑤物流施設

　物流施設は建設市場規模の約3％に当たる約2兆円を占めるセグメント

図表1-16　商業施設の建設投資額推計

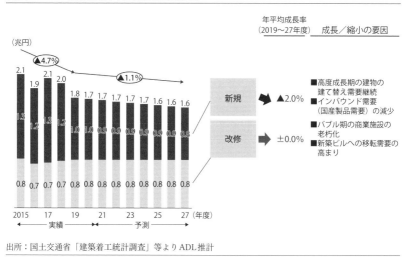

出所：国土交通省「建築着工統計調査」等よりADL推計

です。EC需要増加に引っ張られる形で近年は非常に活況な市場と言えるでしょう。ECは他荷物と比較して小型な荷物が大宗を占めます。そのため、集荷等の作業に手間がかかることから庫内作業の自動化ニーズも高く、自動機器設備の導入に対応しやすい大型倉庫の増加傾向が新設では一定期間は続くことが見込まれます。

　また、構造別の法定耐用年数に鑑みると、築30年前後を目安にリプレイス需要が発生する中、2020年前後において倉庫市場全体の約75％が築15～50年を超えていると言われています。そのため、リプレイスによる新設需要と、同時に改修需要も増加していくことが見込まれます（図表1-17）。

　ただし、地域別の動向としては異なる様相が見られます。EC需要への対応は人口が集中する首都圏・大都市のほうが緊急度は高いことから、首都圏・大都市の近接地域での物流施設の集積が始まっています。また、倉庫立地は高速を含む道路の整備状況に影響を受けることから少しずつ場所を変えて需要が継続的に発生する可能性が高いと考えます。一方、それ以外の地域においては、わざわざ倉庫をリプレイスしても投資回収見込みが

図表 1-17　物流施設の建設投資額推計

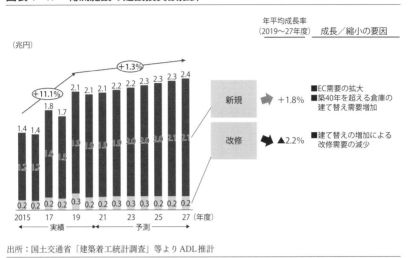

出所：国土交通省「建築着工統計調査」等より ADL 推計

立たない可能性が高く、首都圏・大都市と比較すると、そこまで旺盛な需要は見られません。結果、市場全体での動向を見ると、印象よりは市場拡大の勢いは大きくないと言えるでしょう。

⑥宿泊施設

　宿泊施設は建設市場規模の約2%に当たる約1兆円を占めるセグメントとなります。インバウンドやオリンピック需要に起因し、新設は近年まで増加傾向にありました。一部地域では顕在化しつつあった供給過多状態に加え、直近の新型コロナウイルスの影響を受けて中期的な新規需要の増加は見込めないでしょう。

　また、改修需要に関しても、新型コロナウイルスの影響に加えてマクロトレンドとして存在する事業承継者不在による廃業旅館の増加の影響も受け、ストック数の減少を想定します。ただし、大手ホテルチェーンでは施設数の拡大計画を掲げている企業も存在していることから、全体で見ると不動産バブル崩壊時のような急激な落ち込みはないでしょう（図表1-18）。

図表 1-18　宿泊施設の建設投資額推計

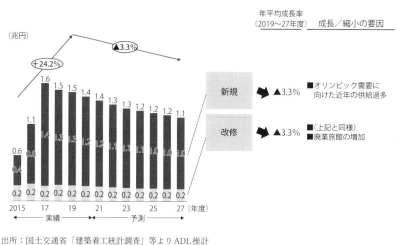

出所：国土交通省「建築着工統計調査」等より ADL 推計

セグメント別の土木市場の動向

　土木は建設市場規模の約20%に当たる約13兆円を占めるセグメントとなります（図表1-19）。

　土木市場は発注者（官庁[4]／民間）による分類、国家予算の費目による分類（治山治水、道路整備、港湾空港鉄道等、住宅都市環境、公園水道廃棄物処理等、農林水産基盤、災害復旧等）等、用途によりさまざまな分け方が考えられますが、本書では、施工対象（道路、橋梁、トンネル、その他インフラ）で分けた上で、その他インフラを発注者と施工対象で分けて見ていきます。

4　国土交通省が公表している「建設投資見通し」では、土木の政府区分に高速道路会社・地方道路公社のほか、地方公営事業等〔鉄道・運輸機構、公営鉄道、公営電力、公営ガス、上水道、工業用水道、通信（日本電信電話株式会社）、土地造成（都市再生機構等）〕も含んでいる。

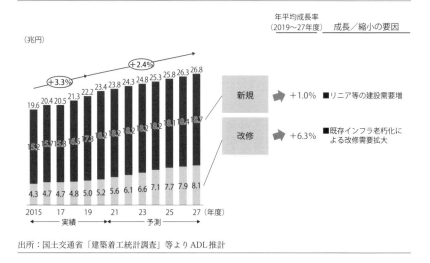

出所：国土交通省「建築着工統計調査」等より ADL 推計

①道路（高速道路を含み、橋梁及びトンネルを除く）

　道路は建設市場規模の約4%に当たる約2.4兆円[5]を占めるセグメントと
なります。東日本大震災に係る復興需要、国土強靭化計画が下支えし、堅
調に推移しています。高速道路については、道路のうち、総距離では全体
の0.7%に過ぎませんが、交通量では約12%を占めており、海外と比較す
ると車線数が少ない、都市間連絡速度が低い（日本が62km/hの中、ドイ
ツ、フランスでは90km/h超）[6]等の問題を抱えていることから、整備は中
長期的に必要となるでしょう。また、老朽化が大きな政策課題となってお
り、今後は修繕を中心に需要回復が見込まれます。

②橋梁

　橋梁は建設市場規模の約3%に当たる約1.9兆円[5]を占めるセグメントと

5　国土交通省「建設工事受注動態統計調査報告（令和2年度分）」。
6　国土交通省「令和3年度道路関係予算概算要求概要」。

なります。国道、高速道路の新設が一通り完了したことから、近年は需要が落ち込んでいましたが、高速道路会社が推進する4車線化やミッシングリンク（道路間の未接続路線）解消に伴う受注が増え、2021年度は横ばいから微増へ持ち直しています。また、将来的には大阪湾岸道路西伸部等の大型工事が下支えし、新設は横ばいとなる見通しです。

　また、既存の橋梁の老朽化が進んでおり、建設後50年を経過する橋梁の割合が2020年3月時点で30%、10年後には55%に急増することから、道路橋を中心に、修繕需要が拡大することが想定されます。ただし、メンテナンスの頻度が低い橋梁が増加することから、修繕の機会が減少し、市場として大きな伸びは見込めません。

③トンネル

　トンネルは約0.9兆円[5]を占めるセグメントとなります。リニア中央新幹線工事に伴う需要はあるものの、トンネルの建設は一巡し、新設は減少する見込みです。改修工事は道路・橋梁と同様で老朽化が進むことから、需要が拡大する一方、予防保全の進展により長寿命化が進み、市場としては減少すると想定されます。

④その他インフラ

　新設の官庁案件においては、オリンピック、大阪万博、リニア中央新幹線の需要があり、増加傾向にありましたが、近年は減少しており、今後もその傾向は継続するでしょう。

　新設の民間案件に関しては、鉄道においてバリアフリー化推進工事、並びにリニア中央新幹線工事に伴い需要が拡大する一方で、新築住宅市場の縮小に伴う水道管・ガス管等の工事の減少が押し下げ、全体としては横ばいの見込みです。

　リニューアルの官庁案件においては、上下水道の老朽化が大きな政策課題であり、中期的に高い成長が期待されます。ダムも同様に老朽化が進んでおり、工事の案件数・金額は増加するでしょう。

リニューアルの民間案件においては、原子力発電所をはじめとする安全性維持のための修繕工事・耐震補強工事の増加、鉄道のトンネル・橋梁の修繕工事、高度成長期に建設した送電線の建て替え・張り替え工事の需要拡大により、中期的な成長が見込まれます。

1.4　国内と海外の違い

　従前より、建設業がこれ以上の成長を望むのであれば、国内市場から海外市場への進出は不可避であるという主張がなされています。近年も、ポストオリンピックにおける国内市場の縮小リスクに備え、いよいよ海外進出に本気で取り組む必要があると考えるゼネコンは増えている印象を受けます。

　例えばスーパーゼネコンである大林組は、Ｍ＆Ａ等も繰り返しながら2012年から2016年にかけて海外事業の売上高を約1.9倍へ成長させ（2012年度：2,387億円→2016年度：4,521億円）、2016年時点では売り上げに占める海外向けの比率は約25％にまで上昇しています。それでも、本来アクセス可能な海外市場規模のポテンシャルに比べると、開拓余地は相当に残っていると言えるでしょう。

　国内と海外では、建設業界を取り巻く慣習やルールの違いにより、各社苦戦する場面が存在していることも事実です。例えば先ほど例として挙げた海外進出に先行する事業者の一角である大林組も、2016年からの海外事業の売上高は横ばい～微減へ転じており（2016年度：4,521億円→2019年度：4,420億円）、営業利益率も国内事業と比して決して高いとは言えない水準（国内：8.7％、海外：1.8％）にとどまってしまっている状況です。

　建設経済研究所によると、同研究所が実施したアンケート調査で「調査対象の45％の企業では、「海外事業による利益率」は全体の利益率と比べて4％以上低くなっている」[7] と指摘しています（図表1-20）。同じアジア

図表1-20　ゼネコンにおける利益率と海外事業による利益率との差（企業割合）

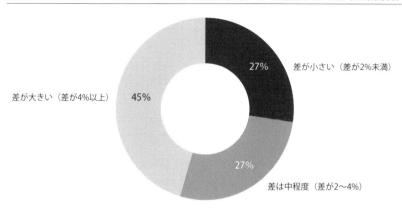

出所：建設経済研究所「建設経済レポート No.72」2020年4月、p.293

の中国、韓国等の海外建設企業が安価で案件を取得しており、価格競争が激化していることも一因とよく言われます。その要因も否定はしませんが、文化・業界慣習の違いを背景により多大な損失を出している例も少なくはないと言えるでしょう。

　例えば、あるスーパーゼネコンのJV（ジョイント・ベンチャー）が南米で着工した公共工事において、追加工事や延期に伴う追加工費の支払いを施主に求めたものの、拒否されてしまった事例があります。結果、1,000億円を超える未払金が生じており、リスクマネジメントの捉え方やあり方の文化・業界慣習の違いが表出した例と見ています。また、それとは異なるスーパーゼネコンにおいても、中国で高層ビル建築受注に関する許認可取得の問題（高層ビル建築には、中国現地企業以外では取得が困難なライセンスが必要）を解決できず、中国進出はしたものの、思ったような市場成長の波に乗った展開ができていない状態も見受けられます。

　ただし、本節冒頭で述べたとおり、国内市場の縮小は避けられないと見

7　建設経済研究所「建設経済レポート No.72」2020年4月、p.292。

るべきでしょう。成長の方向性を考えると、国内市場においては建設というバリューチェーン上で従来の枠を超えた上流・下流への進出、オペレーショナル・アセットの運営事業者になるといった新規事業領域への展開が大きな方向として考えられます。そして、同じレベル感での成長の方向性を考えたとき、海外市場への進出について検討しない選択肢は存在しないと考えます。

　すでにゼネコン各社においては海外市場に関する調査や、実際の事業展開を踏まえた市場の反応といった知見蓄積を通じて、相当の理解は進んできていると思われます。そのため、本節では日本市場と海外市場の違いを一から十まで網羅感を持って比較整理することはせず、国内外を比較した際に、市場において特に様相が大きく異なると考える「①海外市場における建設関連企業の機能」、「②海外市場における建設工事の分類」を主な比較対象として考察を試みます。

①海外市場における建設関連企業の機能

　建設の受発注形態は、一般的には「設計施工方式」「設計施工分離方式」「コンストラクション・マネジメント（Construction Management, CM）方式」の3方式に分類できます（図表1-21）。

　設計施工方式は、その名のとおり元請けとなるゼネコンが施主から設計と施工をセットで受注する方式です。受注後の役割分担として、ゼネコンが自社（グループ）内に設計機能を保有する場合は設計と施工のどちらも実施できますが、保有しない場合は設計機能を設計事務所へ外注します。

　続く設計施工分離方式は、ゼネコンが施工を受注し、設計は発注者が実施する形式です。発注者が設計部門を持つ場合は設計したのち施工に引き継ぎ、そうでない場合は、発注者が設計事務所と委託契約を締結して設計を実施します。日本においては、土木工事でよく見られる発注方式です。

　最後のコンストラクション・マネジメント方式は、ゼネコンが施工管理のみを受注する形式です。設計と設計監理は発注者が設計部門を持つ場合

図表 1-21　設計方式の対比

設計方式	役割分担		
	設計	施工	
		施工業務	管理
設計施工方式	ゼネコン （設計事務所へ 外注の場合有）	ゼネコン （施工会社へ 外注の場合有）	ゼネコン
設計施工分離方式	発注者 （設計事務所へ 外注の場合有）		
コンストラクション・ マネジメント方式		施工会社	

は自社で実施することが大宗となりますが、そうでない場合は、設計施工分離方式と同様、設計事務所と委託契約を締結します。また、発注者は実際に施工する企業（躯体工事、設備工事会社等）と直接契約を締結し、その間を実質的には施工管理を担うゼネコン、または設計事務所が調整するスキームとなります。発注者側にとっては施工状況が透明化されることがメリットとなります。海外ではよく見られますが、まだ日本では一般的とは言えない方式です。

日本

　日本においては、ゼネコンは発注者から設計、施工を一括で受注し、設計事務所や協力会社を巻き込んで建設を進める設計施工一括方式が特徴的と言われてきました。日本のゼネコンは特に下請各社のコントロールに長けていることから、実際に建設を行う主体というよりも、発注者の要求に応えた高い品質の工事を、専門会社（企画・計画：不動産会社、維持管理：建物管理会社）をコントロールしつつ、納期までに実現することが得意と言えるでしょう。ゆえに、バリューチェーン全体で見ると、ゼネコン自体が担う機能は非常に限定的です。

　方式別の採用比率を見ると、設計施工方式と設計施工分離方式の割合は半々となり、CM方式はわずかです。ただし、日本における設計施工方式

と設計施工分離方式は、データ上は区分されているように見えるものの、内容面では実質的にはほぼ同じと考えます。その理由は、設計施工分離方式では設計を設計事務所へ依頼するものの、設計は特命発注（入札を実施しないで随意契約する発注）で行われることから、実質的には設計もゼネコンがカバーする進め方が通例ではないでしょうか。結果、実際のところは多くが設計施工方式で行われていることになります。

なお、近年でも日本においてCM方式はなかなか採用が進んでいません。国土交通省の調査[8]によれば2020年にCM方式（コンストラクションマネジャーが施工に関するリスクを負わずマネジメント業務を請け負ういわゆる「ピュアCM方式」）を活用した都道府県数は8、政令指定都市数は0、その他の市区町村数は35にとどまっています。

米国

米国では、（他の多くの国と同じように）設計と施工を分離するDBB方式（Design Bid Build方式）が主流とされてきました。これは、文字どおり設計業務（Design）が完了してから施工主体を選定し（Bid）、選定された施工主体と契約、施工（Build）に至るというものです。特に、公共発注プロジェクトではこの方式が「ほぼ原則的な方式」[9]とされていました。

しかし、こうした設計と施工が分離された方式には以下のような問題が指摘されてきました。

- 工程確保の難しさ：設計者が策定した図面・工程に対して、施工者から、地質条件との齟齬・施工の難しさ等を指摘され、設計変更要請等が頻繁になされる。しかし、米国では労働組合が強いこともあり、設計変更が生じた場合にも緊急の追加工事の実施が難しいことが多く、当初の品質が確保されない事態が生じる。また、契約社会と言われる

8　国土交通省「入札契約適正化法に基づく実施状況調査結果」2021年5月21日報道発表（調査対象時点は2020年10月1日現在）。

9　平野吉信「米国の建築生産関係諸制度・契約標準類にみる多様なプロジェクト運営方式と調達の手法」『建築コスト研究』No.112　2021年4月。

米国では、発注者は設計者、施工者からのクレーム対応に追われるとともに、労働争議に発展する場合もあり、工程の確保に難しさがある。

- 予算管理の難しさ：施工者からの設計変更要請がコストアップにつながり、当初の予算を超過する事態が生じうる。コストの透明性は、施工者が発注者に工事原価に関するすべての情報を開示するオープンブック方式の活用などによりある程度は確保されていたが、専門工事業者への発注がほぼ完了するまで全体の工事金額を正確に把握することができないことから、専門家によるチェックを行いたいとする発注者のニーズは強い。

- 発注者の量的・質的な不足：官側の技術者が深い専門知識を持っていない。また、米国政府は小さな政府を目指しており、専門技術者は外部にアウトソーシングする考え方が基本にある（米国共通役務庁（GSA）においては、1990年代に大規模な人員削減が行われた）。適用される技術の高度化・複雑化（特に設備系の比重の増大）などにより、設計者が「完全な設計」を完成させることが困難になった。

- 請負額の増大・工期の延長：請負者は、この設計の不完全さに対してその明確化を求め、その結末として契約の変更（請負金額の増額、工期の延長等）を要求し、それによって利益を確保しようとした。設計者と施工者のそれぞれと個別の契約を結ぶ発注者は、この両者の間に立たざるを得ず、支払額増大や工事の遅延のリスクに常にさらされることになった。

- 工期短縮ニーズの高まり：1970年代の信用危機における資金調達コストの高騰から、工事の工期短縮・早期完成のニーズが高まった。

こうしたDBB方式における設計施工分離による諸問題を緩和するためにさまざまな方式が生み出されてきたのが米国の発注形態の進化の歴史と言えるのではないでしょうか。

1970年頃からの工期短縮・早期完成に対するニーズの高まりから、分離

発注においてプロジェクト進行の迅速化を図るため、多数の専門工事業者との工事契約を、工事間の時間的なずれを的確に調整しながら管理する、高度な能力・知識を持つ専門家によるマネジメントが導入されるようになりました。これがCM方式の普及の1つのきっかけになりました。

　CM方式の導入だけでは上記の発注者と施工者の溝、特に設計の完成度をめぐるせめぎ合いの溝は依然として埋まらず（施工者側は発注者に詳細な仕様が定められた設計を求め、あくまで当該設計に則って施工を行うことだけが求められているという考え方でした）、これらを克服するために設計業務を施工者側へ移転したDB方式（Design Build）が採用されるようになります。当初は倉庫等の比較的画一性の高い建築物で採用されていたのが、徐々に複雑なプロジェクトに適用が進んでいきます。その中で発注者の意図をDB主体が行う設計業務に反映するための工夫が重ねられます[10]。

　なお、こうしたDesign Buildには「設計施工一括」の訳語が与えられる場合もありますが、前述した日本の設計施工一括方式と異なることはさまざまなところで指摘されています。米国のDBでは（英国も含めて）、「DB主体に委ねられる設計業務は、日本のように請負事業者の中に常設されている設計部門が担うのではなくプロジェクトごとに独立した設計専門家を個別に契約（雇用）することが一般的」[11]です。

　このような中で、アットリスク型CMの採用が広まっていきます。アットリスク型CMは、日本の請負モデルのゼネコンの役割に近く、コンストラクション・マネジャーが発注者に代わって各専門業者と契約し、一括管理することを通じて効率的な工程・品質・コストの管理を実現することが特徴です。施工者に設計内容への関与を求めることでDBの弱点とされていた発注者のコントロールの弱さを克服しようとしている点がポイントです。また、施工者のノウハウを設計段階から組み込むことで、施工業者の

10　発注機関の側でも設計専門職を用い、必要部分をより詳細に具体化した設計条件を明示し、その後の設計の完成と施工の業務を発注するDB-Bridging方式など。
11　平野吉信「英米等における発注方式の動向〜ハイブリッド方式の発展〜」『建築コスト研究』No.84 2014年1月。

図表1-22 アットリスク型／エージェンシー型／併用型

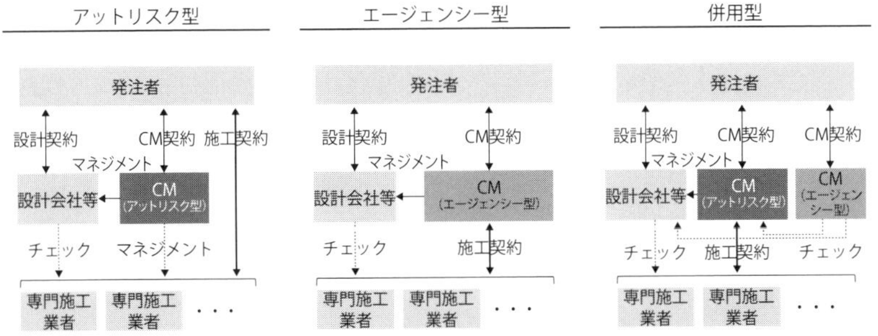

出所：国土交通省「米国におけるCM方式活用状況調査報告書」2008年7月

専門知識（施工性、コスト、地域の労務・資材状況等）を考慮した効率的な設計がなされることによるコストダウンも期待できるものとされています。

　なお、これまで挙げてきた各方式はあくまで典型的なもので、実際にはそれらを併用したさまざまなバリエーションの形態がとられています。例えば、アットリスク型とエージェンシー型の併用という形態も存在します。併用型の契約の方式としては、アットリスク型と同様、発注者がコンストラクション・マネジャーと契約し、コンストラクション・マネジャーが各施工業者と契約を締結します。加えて、発注者が別のコンストラクション・マネジャーと契約し、前者のコンストラクション・マネジャーが各専門業者が実施する設計／施工管理を適切に行っているかを確認する役割を負っています。2008年の国土交通省の調査[12] によるとGSAの管轄の公共工事における約30％の案件がこのハイブリッドの形態をとっていたとされています（図表1-22）。

12　国土交通省「米国におけるCM方式活用状況調査報告書」2008年7月。

欧州

最後に、欧州におけるゼネコンのあり方についても概観を試みたいと思います。

欧州における建設プロジェクトの契約形態は、伝統的に設計施工分離方式をとりつつ、公共プロジェクトでは資金調達から施設の運営までを委託する方式も見られます。近年コンセッション事業（高速道路、空港、上下水道などの料金徴収を伴う公共施設などについて、施設の所有権を発注者である公的機関に残したまま、運営権を民間事業者が取得すること）へと注力する事業者が見受けられるようになりました。

コンセッション事業の売上に占める比率は先進企業でも数％〜十数％と小さいものの（と言っても、日本のゼネコンよりは大きいですが）、収益構造が日本のゼネコンとは大きく異なります。例えば、グローバル展開に成功しているフランスのヴァンシ（VINCI）のコンセッション事業は、売上で見ると全体の約15％ですが、営業利益ベースでは約60％を占めており、収益の源泉はコンセッション事業となっています[13]。すなわち、単発の工事ではなく、中・長期の運営事業で収益を獲得するビジネスモデルになっていると言えます。

日本のゼネコンも、近年、施工に関連する業務を請け負うモデルから変わりつつあります。例えば、前田建設工業ではコンセッション事業を含むインフラ事業に注力しており、2019年3月期時点では営業利益50億円の同事業を、2029年3月期時点で300億円まで伸ばす目標を掲げています。

国直轄の空港では特にコンセッション方式の採用が進んでおり、2015年に仙台空港は東京急行電鉄（現・東急）を代表企業とし、東急建設、前田建設工業が名を連ねる東急前田豊通グループがコンセッションを受託（提案には別コンソーシアムで大成建設、熊谷組も参加）しました。さらに、2017年には高松空港において三菱地所を代表企業とし、大成建設が参画するコンセッション事業が実現する等、活況となっています。

13　VINCI ANNUAL REPORT 2009.

②海外市場における建設工事の分類

　日本では、建設は土木と建築に大別して語られることが一般的でした。土木、建築の切り分けは一意に決まっていませんが、例えば国土交通省の建設工事受注動態統計調査は図表1-23に示すとおりの切り分けをしています。

　一方、海外では土木／建築を切り分けて考えることは一般的ではありません。土木構造物も建築物も "civil engineering（土木工学）" と呼ばれています。国際標準化機構（ISO）の建設に関する基準を見ても、標準規格において、土木／建築の区分が定義されているわけではありません。そのため、国内ゼネコンが海外市場で案件獲得を試みる場合、建設業者は土木／建築の境なく一体となって取り組むことになります。

　前述のとおり、国内外では建設業の業界構造が異なるため、国内ゼネコンが海外進出する際には、各国での建設業者に求められる（競合となる建設業者が保有している）機能を把握した上で、国内ゼネコンに不足したケイパビリティを補完できる、海外現地協力会社との関係が重要となります。

　例えば、米国で日本のゼネコンが大規模／公共プロジェクトを受注する上では、CM機能を求められるケースが多くなります。そのゼネコンがCM機能を具備している場合は問題ないのですが、そうでない場合には、現地CMと連携し、機能補完をした上で進める必要があります。

　また、設計はゼネコンが実施するのではなく、設計事務所への依頼が一般的になることから、プロジェクトを円滑に進めるには現地の大手設計事務所との役割分担を含んだ適切な関係構築が重要になると言われています。つまり、各国に進出するためには、各国の発注方式の違いから不足機能を特定し、それらを具備するステークホルダーとの適切な関係構築が重要になると言えるでしょう。

図表 1-23　土木と建築の切り分け（国土交通省定義）

建設工事分類（国土交通省による分類）

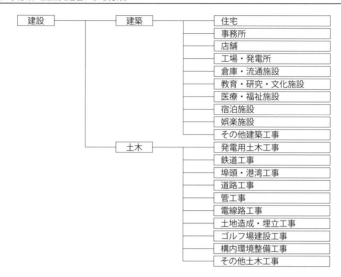

出所：国土交通省「建設工事受注動態統計調査」

1.5　新たな技術

　個人レベルでは、建設業の主な成功要因は多くの人を束ねるマネジメント力であり、技術は必ずしも重要ではない、という意見がありますが、企業レベルでは、技術を重要視することが多く、建設業を語る上で、技術を外すことはできません。本節では、まず建設業の技術の特徴に触れた上で、昨今の最重要トレンドであるデジタル化について述べます。そして、今後進むであろう、技術による企業価値向上の時代へのシフトとその遠景についても述べたいと思います。

建設業の技術

　建設業の技術は、素材、構造、工法を主要な区分として整理されてきました。同時に、それぞれの領域においては、それらの技術そのものだけでなく、それらを実際の建物や構造物として生産する技術（手順・段取り）が非常に重要視されます。この点が他業界と比較した時の建設業界の特徴として挙げることができます。

　例えば、ザハ・ハディドが設計した国立競技場をイメージするとわかりやすいかもしれません。彼女の設計した国立競技場に対する批判の多くは、設計・デザイン的な観点ではなく、その施工費の大きさに対する批判でした。強度計算上、論理的に成立する建設物を設計できる技術は、その建設物が妥当な（受け入れ可能な）金額で施工されることを保証するものではありません。設計技術だけでなく、要望に合わせた金額水準で施工しうる生産技術も伴わないと、その建設物を実現することは難しくなります。

　もう少し例を挙げてみましょう。例えば、地下40mを超えるような、大深度地下の工事（例：東京外かく環状道路工事）が、2001年の「大深度地下の公共的使用に関する特別措置法」により実施可能となりました。バブル景気の地価高騰時に考え出されたこの法律は、通常利用されることのない深度の地下空間を公共の用に供することで、都市の形成に不可欠な都市トンネルや共同溝等の建設を促進するためのものでした。こうした大深度工事については、スーパーゼネコンは受注できても、準大手ゼネコン以下にとっては大変な取り組みと言われています。

　これも設計技術の問題ではなく、施工における生産技術側の問題として整理されます。大深度工事においても、一定品質の図面設計を行うこと自体はスーパーゼネコンも準大手ゼネコンも可能です。しかし、いざ設計から施工段階に移ると、通常の施工よりもはるかに深い場所における施工手順や、段取り、用いる設備機器といった、生産技術を揃えることが壁になると言われています。これらには通常の地上やトンネルでの技術をそのま

ま活用するのは難しいため、大深度工事向けに新たにそうした生産技術・機器をすべて揃え、対応できるのは、やはりスーパーゼネコンのような生産技術に多くを投資できる企業に限られてしまいます。

このように、建設業界における素材・構造・工法という主要な区分別の技術と生産技術は切っても切れない関係性にあると言えます。

デジタルによる生産技術の革新

これまでの建設業界での主要な技術革新を遡ると、古代ローマ時代におけるローマン・コンクリート、19世紀における鉄筋コンクリートやガラスなどの新素材の登場、20世紀に入ってからの設備の技術革新や不動産建設以外への建設技術の応用、といった、建物の素材や構造そのものにおける技術革新が挙げられます。

一方、現在進行中の技術革新は過去のものと多少趣が異なります。その主要な技術革新の1つがICT を利用した建設における生産技術の高度化、いわゆるデジタルイノベーションです。

まず、建築物を平面図として表現するCADが登場した後、3次元モデルを作成可能な3DCADに進化しました。そして、近年では各パーツに情報を持たせるに至ったBIMが登場してきたのは、皆様ご存じのとおりかと思います。このBIMを含むデジタルイノベーションによって、現場において限られた職人や経験豊かな専門人材のみが扱えてきた高度な生産技術に代わり、一定の経験を積んだ人材＋デジタルツールにより同程度の成果導出を実現することが可能になります。

例えば、デジタルツールの一丁目一番地に存在するBIMは、計画、設計、施工、保守管理のすべての段階で技術情報から経済情報（価格、人的リソース、等）までを理想的には属性化・モデル化します。このデジタル化したデータは、各段階を横断して共有・活用することを実現し、事業主、計画設計者、施工者、保守管理者といった複数のステークホルダー間で低コストにほぼリアルタイムの情報共有を可能とします。

　このことにより、これまで計画と現場の間で生じていた時差により発生する指示遅れや関係者での変更要望に対する対応も以前より工数少なく可能になります。つまり、一定の経験に基づく先読みを踏まえて現場での段取り組みや生産上の工夫を行い、極力手戻りのないように進め、実現する上で求められていた個人の能力をデジタルにより補完・補佐することが可能になります。また、理想的には精緻な構造計算を実現したことで、後工程となる現場でのブレを少なくしています。

　また、このことは生産技術における革新という意義を超えた、企業体としてのゼネコン経営におけるコスト削減の課題（使用資材量の最小化、最適資材の選定コスト低下、同じ資材の複数発注ミスの防止、等）のみならず、トップライン向上の課題（複雑な建築デザインの実現、空間設計による施主の事業へのサービス提供の可能性、等）を実現する可能性を秘めています。例えば、BIMの部材情報と経済情報が結びついた時、自ずとコスト削減の課題への対応は見えてくるのではないでしょうか。

　ただし、この技術革新は起きつつある段階であり、現時点では目に見えて魅力的な新市場が勃興したとか、大きなコスト構造の変化が起きたといったレベルには到達していません。建設業界は歴史の項でも振り返ってきたとおり規制産業の側面も強いことから、新技術のみによる市場創出が比較的難しいと言われてきました。仮に画期的な素材、構造、工法が開発できて、施主の意向もクリアしたとしても、そもそも許認可を受けなければ建設に適用することはできないといった事情も背景には存在します。

技術による企業価値向上の時代へのシフト

　また、少し視点を変えた議論になりますが、企業価値向上に対して技術自体の貢献度が低い場合、一般的には企業にとってその技術を内製化する意味合いは薄くなります。そして個別企業は内製化することなく市場での調達を望むことから、特定領域に関する技術開発・提供を専業とするプレーヤーが登場し、個別の技術力をサービスとして提供する企業と、それ

らをアセンブリする企業とでレイヤー化された市場構造を形成することとなります（まさに建設業界自体もそれに該当します）。

しかし、技術による新規市場創出の可能性が低く、また建設においては技術の適用場面が外部環境に左右されやすいという状況にあっても、自社で研究機関を保有し、R&D機能を内製化するゼネコンは決して少なくありません（もっとも、ゼネコンの研究開発投資額は売上高比の1%以下とも言われており、製造業に比較すると相対的には少ないと言われています）。

多くのゼネコン各社がR&D機能を内製化してきた理由は何でしょうか。前述のとおり、これまでは技術を開発することで新たな市場が勃興するような業界ではありませんでした。どちらかというと、規制を含む歴史により形成された建設産業の構造において、競争優位につながるレバーが少ないことを背景に、案件ごとの生産性向上や、プロジェクトマネジメント業務（PM）の高度化に関する技術の研究開発が主目的としてあったのではないでしょうか。

一方で最近のデジタル技術の進展や規制緩和動向により、ゼネコン各社と異業種との距離は徐々に縮まっています。ゼネコン各社も技術系スタートアップとのアライアンスや資本投下、またJV（ジョイント・ベンチャー）[14]によるエコシステム形成を通じて、請負工事のバリューチェーンの川上・川下や周辺での技術による新規事業の創出や、技術を梃子とした、非常に"飛び感"のある新規市場への進出を加速化させています。

つまり、建設業界においても、企業価値向上のレバーとして技術の貢献度が高まる時代に変容してきたと、ゼネコン自身も見方を変えてきているとわれわれは見ています。そして、ゼネコン自身も内製化したR&D機能に求めるミッションの刷新と紐づく研究テーマやその成果の出口について再考を試みていると感じます。

14　ここでのJVとは建設業界で散見されるような、複数の建設企業が、特定の建設工事を受注・施工することを目的に形成するSPC（特別目的会社）的な事業組織体ではなく、建設に閉じない複数企業が、主に新規事業創出を目的とした共同出資により設立する組織体のことを指す。

技術進化の果て

　もっとも、建設業界においても、技術が企業価値向上のレバーになりつつあることは、必ずしもバラ色の未来を約束するものではありません。技術への着目により投資が進み、技術進化のスピードが加速化すると、かえってゼネコンの現在の提供機能自体をコモディティ化する、さらにはコモディティ化をスピードアップさせる可能性も秘めています。

　例えば技術進化の著しいコンシューマーエレクトロニクス業界では、数十年前はコンピューターの製造は非常に難しく、高度な技術を有する一部メーカーのみが担っていました。しかし、処理を担うCPU、短期記憶を担うメモリ、長期記憶を担うハードディスク等、各機能はそれ自身の性能向上だけでなく、モジュール型製品としても進展していきました。

　結果として現在においてはほぼ素人であってもそれらモジュールを組み合わせることによりコンピューターの製造が可能となりました。そして、同時に産業構造も垂直統合型のすり合わせモデルから、水平分業型へ転換することになりました。

　このモジュール型製品の対極にある、すり合わせ製品の代表格である自動車においてさえも同様の動きが見て取れます。自動車は、速度を優先すると騒音や振動が増える、安定性を重視すると荷物が入らなくなるといったように、"あちらを立てればこちらが立たず"の状況が発生しやすい、製造の大変難しい製品と言われてきました。しかし、現在では電気自動車開発の流れと合わせて、自動車部品のモジュール化も進展し、最近ではICTプラットフォーマーや家電メーカーによる自動車OEM（Original Equipment Manufacturer）業界への参入も見て取れます。

　翻って建設業界を見てみると、このモジュール化というコンテキストではすでにデジタルを背景とした工業化工法の技術進化により、ゼネコンの提供機能自体のコモディティ化を生じさせている物件種も出始めています。

　しかし、だからと言ってコモディティ化を促進する可能性を恐れて技術

進化から目を背けるという選択肢はありません。今後、ゼネコン業界が獲得可能なバリューチェーン上の利益量の拡大・縮小を決める上で、この技術の重要性がますます向上すると考えるためです。

技術がもたらす変化①プレーヤー間の線引き

　デジタル技術の進展により、流通構造における階層の簡素化や既存の製品での代替、下請業者のスイッチングコスト低減といった事象が見られます。そして、この産業構造の転換の動きを察知した異業種からの参入も相次いでおり、ますますこの動きは加速しています。また、流通構造の転換といった大きな観点での動向ではなく、請負工事の現場でのプレーヤー間における担当領域の変化といったような比較的身近な観点においても、技術進化の影響を見て取れます。

　例えば、ゼネコンと設備業者が空調設備を施工する際、ゼネコンが空調機やダクト置き場を設計した上で施工管理を行い、施工作業のみを設備業者が担うといった役割分担が一般的と言われています。一方、セキュリティ系の設備施工の場面では役割分担の線引きの範囲は異なります。ゼネコン自身がセキュリティ系の技術を持たないことが多く、また、建設物の施工よりも遅いタイミングでの施工が可能であることから、設備業者が設計や施工管理まで行う役割分担が一般的と言われています。このようにゼネコンと設備業者の役割分担の線引きを決定する上での1要素として技術が存在しています。

　今後、空調を含む設備IoT技術の進化が進む中、当該IoTを支える通信技術やエッジでのデータ収集・処理技術への対応にゼネコンが後れをとる場合、設備業者との役割分担の線引き範囲が移動する可能性を秘めています。つまり、建設産業内でのプロフィットプールの移動がゼネコンと設備業者との間で生じ、ゼネコンがアクセス可能な市場のフルポテンシャルが縮小することとなります。

技術がもたらす変化②モノ売りからコト売り

　建設物というモノから、人々の暮らしというコトへの価値提供へゼネコンとしても目線が移動し始めています。簡単に言うと、請負工事後の保守・運用サービスへの着目の高まりです。

　モノ売りの場合、販売やサービス提供時の接点設計が重要となります。消費財の場合であれば売り場、建設業の場合であれば営業や施工現場がそれに当たります。顧客と接する期間やタイミングが限られていることから、販売後に顧客動向を把握するためのマーケティング機能が次の製品開発や顧客維持に向けた行動を考える上で重要な要素となります。

　一方、コト売りの場合、販売やサービス提供時の接点のみならず、継続的な利用シーンにおける接点設計のあり方が問われます。常に接点を持ち続けることから、相対的に販売後の顧客評価を別途取得するといったマーケティング機能の重要性は低下し、普段の顧客の利用行動の中から嬉しさや不満を抽出することを実現するモニタリング、またはサービス提供機能が次の企業行動を考える上で重要な要素となります。

　現在の建設業はほぼモノ売りに分類することができます。しかし、情報収集技術の進化によって施主の先に存在していた建設物の利用者情報の取得が徐々に実現できるようになっている状況です。

　今後、人口減少が予測される日本では少なくなる利用者をめぐったサービス競争の過熱が見込まれます。その際、利用者情報を取得したものが勝者になっていく可能性が高いと言われている中、ゼネコンのみならずIT系の事業者も情報取得に向けて知恵を絞っています。もし、この情報収集技術の進化に後れをとる場合、ゼネコンがアクセス可能な市場のフルポテンシャルが建設業から他産業へシフトし、縮小していくこととなります。

　現在、ゼネコンの研究開発については、海外のように研究開発は必要ないという意見から、他業界並みの研究開発投資が必要、という意見までさまざまです。しかし、業界を取り巻く今後の環境変化に鑑みると、研究開発機能を内製化し経営上の重要な項目と位置づけるのか、自社事業からカーブアウトした上で研究開発機能を市場から調達する構造に切り替えて

いくのか、といった何らかの方向性の提示が必要になると言えるのではないでしょうか。

コラム

「ゼネコンの文化・風土」①建設業界は特殊な業界

文化や風土は定量化しづらく、直接的に変えていくことは難しいものです。ビジョン、業務内容、組織体制、人材開発、マネジメントスタイル、情報システム整備状況等、さまざまな要素の影響を受け、間接的に変わっていくものと思われます。

このコラムでは、さまざまな要素の先にある文化・風土の現状を一考していただき、目指す状態を考えるきっかけにできればと思います。

「うちの業界は特殊だから……」

筆者のようなコンサルタントなら何度も聞いたことのあるセリフです。お客様にこのようなことを言わせてしまうのは、コンサルタントの側にも問題があります。例えば、「1つの車種」の開発に「何百人も関わる」自動車業界の事例を、「1つの食品」の開発に「1人しか関わらず、かつ1人の開発者が何十もの開発テーマを持つ」食品業界の方に一般論のように話してしまえば、「うちの業界は特殊だから……」と言われるのも無理はありません。

誰の責任かはいったん脇に置いておいて、自分の業界は特殊と考える方の比率、言い換えると他業界は参考にならないと考える方の比率が高い業界は、ものづくり系では建設業界と医薬品業界が上位を争います。

建設業界の方が「うちの業界は」と言う理由は、請負業であること、一品一様のものを作ること、自分達が直接ものを作らず協力会社の

方々がものを作るといった複数の要因があるようです。これは非常に
もったいないことです。

　建設業界の方が思い浮かべる製造業は自動車メーカー、家電メー
カー、食品メーカーのようにメーカー自らが企画し、量産するような
企業が圧倒的に多いです。しかし、製造業にあってもある種の産業機
械等では、請負、一品一様、OEM（Original Equipment Manufacturer）
活用に該当する企業は存在します。また、製造業の各社は、建設業界
が直面する課題にすでに取り組んでおり、膨大な失敗事例と一部の成
功事例が存在します。これらを活用しないのは、赤本を使わずに大学
受験しているようなものではないでしょうか。

第 2 章

建設インフラ・建材業界の最新トピック

前章でも触れたデジタルテクノロジーを筆頭にチャレンジングなトピックが建設業界で散見されるようになりました。例えば、SDGs／ESGへの対応、建設事業以外の新事業創造、ストック・リニューアル市場への取り組みといったトピックが挙げられます。

　これらのトピックへの方針立案から実行に向けたケイパビリティの明確化と具備、そして実行は、一朝一夕で成るものではなくまさにチャレンジと言えるでしょう。一方で表現を変えると、うまく対応できれば大きく企業価値を向上させるチャンスとも言えます。

　建設業界の一般的な企業価値評価は、簡単に言うとマクロ需要動向（公共事業や施主の投資意欲）が重要ドライバーでした。そのため、ビジネスモデルの"妙"や指数関数的な価値を創出する技術（設備）が存在する他産業との比較では低くならざるを得ませんでした。

　しかし、近年のトピックは従来の価値向上の枠組みを超えるポテンシャルを秘め、ゼネコンの経営における企業価値の考え方自体を問い直すものとなっています。つまり、経営の舵取り次第で大きく跳ねる、逆に他社より劣後しうる可能性が存在する時代になってきたとも言えます。本章で取り上げる最新トピックを通じ、それらが成長レバーとしていかに企業価値向上に寄与できるかを再考する前向きな機会を作れればと考えています。

2.1 デジタルテクノロジー

　以前より、生産性向上、新規事業創出に結びつく重要な技術として i-Construction（i-コンストラクション）、ロボティクス、AI（人工知能）、IoT（Internet of Things）、BIM（Building Information Modeling）が取り上げられてきましたが、昨今においてもそれらの勢いは変わらず、ますます注目されるようになってきています。注目の理由は、単に現場オペレーション改善といった、目の前の課題を解決するための活用のみならず、企業価値向上に向けた、成長モデルの転換にも寄与する可能性を秘めていると考えられるためです。

　繰り返しになりますが、建設業界は労働者不足と労働時間減少要請のトレンドが重なっており生産性向上が急務です。例えばドローン活用による測量作業の効率化、マシンガイダンス建機の活用による丁張り作業の効率化、マシンコントロール建機の活用による法面整地作業の効率化、ロボティクスによる単純事務作業の自動化、AI活用による専門家レベルでの判断の代替や、スキル不足の人材に対するフォロー等、具体的にいくつもの活用例を挙げられるほど、i-Construction、ロボティクス、AIは、すでに現場に入り込み、従来のシステムとは段違いの生産性向上を実現しています。

　また、建設業界は縮小市場の中にあって生き残りを目的とした新規事業開発を重視するようになっていますが、そうした領域においてもデジタルテクノロジーの活用は可能でしょう。例えばIoTは現場のさまざまなデータ取得という、純粋な生産性向上にも寄与しますが、人が存在する空間の環境計測・制御による快適性向上→空間設計事業、エネルギー計測・制御も合わせての省エネ→エネルギーマネジメント事業、というように、保守運用領域、つまりオペレーションマネジメント領域の新規事業創造を考える上で不可欠な要素となります。

また、BIMも建設業界における最も重要なデジタルテクノロジーの1つです。BIMは設計・施工の効率化やオペレーションマネジメントサービスの創造にも活用でき、実際、現在はこれら領域での活用が中心です。しかし、それだけではBIMの投資に見合った、十分な成果を享受できているとは言えないのではないでしょうか。

　BIMの活用や課題に関してはこの後で改めて詳述しますが、BIMはそもそも建物が生まれてから役目を終えるまでの情報を一元管理して、建設や建物の価値向上や効率化を担うツールとなります。そのため、設計や施工、オペレーションマネジメントといったそれぞれのシーンでのそれぞれの活用だけでなく、バリューチェーン全体でのBIMの活用設計が求められます。バリューチェーン全体でのBIMの活用を設計し、モデルを作成することで、各領域の橋渡しや融合によるイノベーションを下支えするツールとしても活用可能となり、新事業創造のポテンシャルを有することとなります。

　このようにデジタルテクノロジーの活用を考える際は、目の前の課題を改善するためのツールとしてではなく、従来の枠組みを超えて考えなければ、そのテクノロジーが本来実現可能な価値を十分に享受できず、可能性を狭めてしまいます。すなわち、現状に対してデジタルテクノロジーを適用することで何ができるかという、現状ベースの観点に加え、デジタルテクノロジーのフルポテンシャルの効果を享受するには現状をどう変えればよいかという、逆転した発想での検討も経営として求められます。

　検討の進め方としては、例えばこのような思考実験も有効かもしれません。仮にゼネコンが現在提供する事業範囲（バリューチェーン）の、上流・下流をもカバーする企業が登場し、その企業がデジタルテクノロジーを競争優位の源泉として保有するとしたら、どんな事業を提供して自分たちゼネコンにどのような脅威を与えることになるでしょうか。また、建設物だけでなく他のハード（サイネージ、設備等）、ソフト（オペレーション、管理システム等）の提供にも関わり、建設物に求められる複数の価値を束ねる企業が登場した場合には、どのように対応することができるのでしょう

か。

　こうしたホラーストーリー・アプローチは、過去にゼネコン自身が変革してきた事例を紐解くと、検討手法として有効ではないかと考えます。

BIM

BIM 活用の現在地

　「BIM を導入すれば、建物ライフサイクルの把握を実現し、修繕や建て替えタイミングの把握、最適なエネルギーミックスの実現、他付帯サービスの最適化を実現するだけでなく、施主との営業・設計時のコミュニケーションを円滑にし、建設時も適切な資材調達から納入管理を実現する」

　BIM を導入さえすれば、こんな世界がすぐに実現する……。そんな期待を抱いている方はさすがにもういないでしょう。こうした理想の世界と現在地の間にはまだまだ距離があるということはすでに業界内での共通認識であるというのがわれわれの理解です。

　理想の状態の実現に向けたハードルとして、われわれは以下の6つのギャップを認識しています。

①現場浸透ギャップ：10年以上BIMを展開・定着しようとしているがなかなか現場に浸透しない。

②経営期待ギャップ：他社のプレスリリースが華々しく見えるため、経営層から自社の遅れを問題視される。

③目的効果ギャップ：経営層より4D（BIM＋スケジュール）／5D（4D＋コスト）／6D（5D＋サステナビリティ）／7D（6D＋ライフサイクル）対応を指示されるが、用途が不明確。

④生産性ギャップ：BIMは生産性向上にしか寄与しない、あるいはBIMでは生産性すらも向上しない、というようなネガティブな意見がある。

⑤自動連携ギャップ：一方で、BIMを導入し、正しく活用さえすれば設計や積算等が自動化されると考えている人がいる。

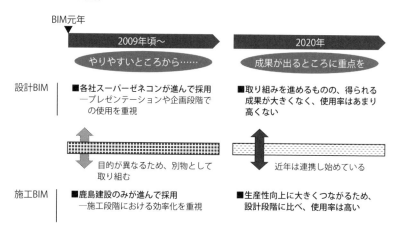

図表2-1　BIMの種類とゼネコンの動向

設計段階と施工段階で大きく分かれる中、現状、国内では施工段階のほうが
普及している模様

BIM元年

	2009年頃～	2020年
	やりやすいところから……	成果が出るところに重点を
設計BIM	■各社スーパーゼネコンが進んで採用 ―プレゼンテーションや企画段階での使用を重視	■取り組みを進めるものの、得られる成果が大きくなく、使用率はあまり高くない
	目的が異なるため、別物として取り組む	近年は連携し始めている
施工BIM	■鹿島建設のみが進んで採用 ―施工段階における効率化を重視	■生産性向上に大きくつながるため、設計段階に比べ、使用率は高い

出所：有識者インタビュー

⑥海外ギャップ：国内のBIM活用は遅れているため、シンガポール等先
進国をベンチマークするよう指示されるが、有効な情報が得られない。

　BIMを取り巻くステークホルダーの取り組みや実現された機能と、BIM
から得られる結果との間において、さまざまなギャップが生まれていると
考えています。

　こうしたギャップは事業の大小を問わず発生していると認識していま
す。例えばスーパーゼネコンをその他のゼネコンと比較すると、BIMを使
用する物件比率自体は年々高まってきている状況です。それこそ全物件で
BIMの使用を義務づけていたり、BIMモデル作成のルール化が行われてい
たりするなど、大企業ならではのガバナンスを利かせ、リソースが投入さ
れています（図表2-1）。

　しかしながら、そこまでしても蓋を開けてみると成果が得られているの

図表2-2　ゼネコンでのBIM浸透の現状（施工BIM）

施工BIMでは、スーパーゼネコンにおいても30%程度の普及

BIM（施工）の普及動向			これまで普及が進まなかった要因
施工管理者		2020年	
スーパーゼネコン	竹中工務店	≒100%	■各社バラバラのソフトウェアを利用しており、どのソフトがよいかという論争があった
	大林組	≒100%	
	鹿島建設	/0%	
	大成建設	30%	
	清水建設	30%	
準大手以下ゼネコン		10-20%	■利用者のBIM習熟度向上と、BIMに合わせた業務改革に時間を要した
プラントエンジニアリング		10-20%	
橋梁メーカー		10-20%	

注：単純な構造の物件（物流施設等）は、BIMの恩恵が少ないため、進捗が遅い
出所：有識者インタビュー

は一部のプロジェクトにとどまるようであり、残りの大多数は十分な効果が得られているとは言い切れない模様です。

　全物件導入や、ルール化、リソース投入といった取り組みは、本来であれば、新たな取り組みにおける正攻法であるはずです。スーパーゼネコンがここまでやってもBIMの効果が十分に得られないのであれば、BIMというものに対する疑義が発生し、先ほど挙げたようなギャップが発生するのもわからなくはありません。果たしてBIMに対し建設業界のステークホルダーが抱いた理想の姿というのは、絵に描いた餅なのでしょうか。

　われわれは、BIM自体には（原則としては）問題はなく、問題はBIMに取り組むアプローチにあるのではないかと考えています。本節では、この状況を前に進めるアプローチの方向性を中心に論じたいと思います。なお、BIMは大きく設計段階と施工段階に分けることができますが、国内では現状、施工段階のほうが普及率が高いため、まずは施工BIMを中心に取り上げます（図表2-2）。

BIMの定義

前述のギャップが生じる原因、そして各社で活用が想定どおり進まない理由を分析する前に、前提となるBIMの定義を改めて確認します。実際、BIMの定義はさまざまであり、また時代とともに変化もしていますが、ここでは2014年に国土交通省が示した、下記の定義を基本的な考え方とします。

BIM（ビルディング・インフォメーション・モデリング）
　「Building Information Modeling」の略称。コンピューター上に作成した3次元の形状情報に加え、室等の名称・面積、材料・部材の仕様・性能、仕上げ等、建築物の属性情報を併せ持つ建物情報モデルを構築すること。

BIMモデル
　コンピューター上に作成した3次元の形状情報に加え、室等の名称・面積、材料・部材の仕様・性能、仕上げ等、建築物の属性情報を併せ持つ建物情報モデル。

　この定義において、検討の主眼となるべきなのは（当たり前ですが）、この「建物情報モデル」の作り方です。BIMはその名のとおり建物情報モデルですから、「どのような情報を持たせるか」ということは当然検討の一丁目一番地に入ってきます。その際に注意すべきなのは、「どのような情報を持たせないか」という取捨選択の考え方です。この情報の取捨選択は、BIMの持つフルポテンシャルが発揮できるか否かの、最初の分岐点になるとわれわれは考えています。

　BIMは上記の定義にあるとおり、これまでの平面図形とはもちろん、3DCADと比較しても、はるかに多種多様な情報をモデルに含めることが可能です。建物の構成物における形状情報に加え、属性情報をどう持たせるべきか、また、そのデータ構造をどうすべきか。こうした場合、つい目の前の建造物の設計に最適なデータ構造を考えたり、あるいはできる限り

多くの属性情報を投入したりしたくなるのが、人の常だと思われます。しかし、そうした取り組みは短期的には有効かもしれませんが、かえってBIMが本来持つフルポテンシャルを狭めてしまう可能性があります。

　例えば、設計のために最適化されたデータ構造であっても、調達の場面では最適ではないかもしれません。あるいは別の建物の設計において、過去作成したBIMのモデルを再利用しようと思った時に、その建物には不要なデータ入力が求められたり、逆に必要な属性情報が不足していたり、といったことがあるかもしれません。属性情報の取捨選択時においては、個別の建設案件プロジェクト視点のみならず、社内の他プロジェクトを含む視点での判断が求められます。

　個別の建設案件プロジェクト視点でよく求められる情報は、意匠情報、干渉チェック情報、積算情報となり、横断の視点で求められる情報は、ユニット・資材の共通化・標準化情報、品質・安全関連情報となります。BIMを個別の建物に紐付いたモデルとして捉えてしまうと、こういった不整合は容易に発生しえます。また、当然BIMで保有する情報と、他のシステムや仕組みで保有する情報とのすみ分けも必要になります。全社としてBIMを最大限活用するために、何を属性情報として取り込み、何を属性情報としないのか。この判断が、繰り返しとなりますが、BIMのフルポテンシャルを活用するための、最初の分岐点として登場してくると言えましょう（図表2-3）。

　実際、個別の建設案件プロジェクトでBIMを活用し、その成功事例をもってさらに社内へ展開していくといったBIMの推進アプローチを取られるゼネコンをよく見ます。一見、リスクをミニマイズする非常に堅いアプローチのように見えますが、この属性情報の拡張性の観点に鑑みると、取り返しのつかない状況に陥る可能性を秘めています。

　とはいえスモールスタートで成功事例を作り、全社にBIM導入の機運を高めていくということ自体は有効な考え方とも言えます。もしこのようなアプローチをとる場合は、製造業においては非常によく使用されるPLM（Product Lifecycle Management）の設計思想を念頭に置いた工夫が求めら

図表 2-3　BIM情報と建設情報の関係

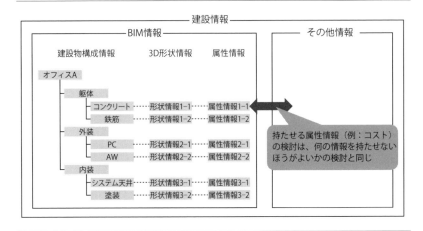

れます。

　詳しくは、「BIM＝建設物構成情報」の項でご紹介しますが、PLMでは、複数の製品構成情報と1つの品目情報を連携させ製品情報を管理するデータベース設計を行います。データベース構造に基づいて、目的に応じた製品情報の組み換えを実現することにより、わざわざ製品別に製品構成情報を構成し直す必要がなくなります。

　さらに、属性情報の取捨選択時の視点については、自社のビジネス領域の拡張可能性も意識して判断していくことが求められます。現業の設計・施工領域に加えることはもちろんですが、企画や運営管理といったバリューチェーン上流・下流におけるどの範囲までを、自社BIMの活用用途として想定するかにより、情報基盤として求められる内容や、使い勝手に違いが生じます。

　BIM活用の目的に応じて、3Dモデルだけ、個別プロジェクトだけ、現業だけといったように結果的に範囲を絞り込む形で設計・構築・運用されること自体は否定されるものではありません。

　しかし、属性情報を取捨選択する上での検討の閾値が一定レベルに達し

ないことにより、BIMの持つフルポテンシャルの効果を享受し切れない事例も散見されており、改めてとなりますがBIMに対する投資対効果を期待する経営にとっては、力の入れ所と言えます。

BIMの活用目的

それでは属性情報の取捨選択時に、BIMの活用目的を考える上では、どのような留意点が存在するのでしょうか。まず、各社の置かれている状況や課題、将来的に目指す方向により、BIMの活用目的は多岐にわたって設定可能です。売上向上、利益向上、生産性向上、品質向上、コスト削減、工期短縮、安全性向上、環境性向上、干渉削減、工数削減、積算自動化、危険予知、契約トラブル削減、機能設計スキル向上、工程設計力向上、といったように、さまざまな目的を挙げることができます。

昨今、国内では労働者不足による生産性向上を主目的として導入・活用するゼネコンが多くなりますが、欧米では契約トラブル防止によるリスク排除を主目的に導入・活用する建設関連企業が多い印象を持ちます。欧米では1つの建設案件プロジェクトに対して企画、設計、調達、施工、CM、PM（プロジェクトマネジメント）等に専門特化した複数の企業に加え、フリーランスの方も参画し、案件ごとに異なる顔ぶれで仕事を進めるケースが一般的です。

歴史を振り返っても、日本においては重要と言われてきたような阿吽の呼吸は海外では通用しません。業務範囲や責任・権限を設定し、そしてその根拠となる契約を不備なく締結し、実施状況もモニタリングしていくことが求められます。笑い話のように、欧米では基本は訴訟が起きる前提で建設案件プロジェクトをスタートしようとも言われています。この業務範囲や責任・権限の設定、並びに実施状況のモニタリングに際してBIMは非常に相性が良いことから導入が積極的に進んでいます。

つまり、諸外国の経営にとって、BIM活用は個別案件の採算低下リスクを予防し、企業価値毀損リスクを排除するというガバナンス・企業防衛の意味合いも持ちます。そのため、日本のゼネコンの経営におけるBIM導

入・活用に対する緊急度や対応の本気度は欧米と比較すると低くならざるを得ない業界構造上の問題が背景に存在するかもしれません。とはいえ、日本でもコンプライアンス対応や改正労働基準法の遵守に向けた取り組みは経営の号令の下、着実に進められています。

　もちろん、生産性向上を主目的にすることが悪いとは考えていません。ただし、経営にとってみると、リスク排除の観点のほうが徹底に関しては強い動機づけ要因となります。このような意識を持たれることの多い経営から「BIM活用が海外ではしっかりと進んでいるのになぜ弊社では進んでいないのか？　しっかりとベンチマークをして参考にしてこい」と、指示をされた担当の方より相談を受けるケースは頻繁に発生しますが、いつも悩み深い組織内の力学に直面します。

BIMが持つ情報

　BIMが持つ情報は「3次元の形状情報」と前述の「属性情報」に大きく分けることができます。さらに「3次元の形状情報」は、「建設物構成情報」と「部品の形状情報」に分類できます。何気なく構成を分類していますが、この分け方が後の拡張性や全社の建設情報基盤となりうるか否かの分岐となります。

　このうち、「建設物構成情報」の設計思想もまたBIMの活用目的に資する品質を実現できるか否かを分ける極めて重要なポイントとなります。BIMとはBuildingのInformationをどのようにModelingしていくか、つまり建設物情報をどのように形作れば（体系化すれば）、目的を実現できるか、をデータとして表現したものです。ある意味、BIM＝「建設物構成情報」の体系そのものと言えるかもしれません（図表2-4）。

　例えば、設計者による建設物構成情報は、「対象の建物が顧客要求を満たすものか？」を知る／考える上で使用することもできます。この時の建設物構成情報はエントランス、階段、廊下、玄関、リビング、バルコニー等、機能別の体系で整理されていると便利です。

　また、施工者にとっては「対象の建物をどのように施工していくか？」

図表2-4　建設物構成情報の役割

建設物構成情報により各立場の見方を実現。BIMの使いやすさの肝

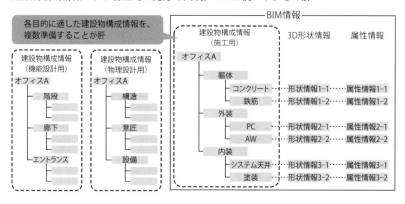

を知る／考える上で使用できれば便利であることから、杭、山留、地下躯体、地上躯体、外装、内装、設備、外構等、工種別の体系で建設物構成情報が整理されていると便利です。さらに、調達者にとっては「どの部品を、どの業者から購買していくか？」を知る／考える上で使用できれば便利であることから、自社購入標準品、自社購入特注品、協力会社調達品といった調達先別の体系で整理されていると便利です。

　つまり、BIMはさまざまな使用者がそれぞれに期待を持って活用しており、各活用目的に適した体系で建設物構成情報が整理されていると、使用者にとって使い勝手が良く、その活用も促進されます。一方で、使用者の目的に適さない形で「建設物構成情報」が整理される場合、使いづらく効果を期待できないばかりか、活用も促進されません。

　この問題に対する解決の方向性を考える際、製造業での取り組みは1つの有力なヒントになると考えます。それは有力な複数の製品構成情報に関する情報管理方法の事例です（図表2-5）。

　先述のとおり、製造業では複数の製品構成情報と1つの品目情報を連携させ製品情報を管理するデータベースを設計します。データベース構造に

図表 2−5　製造業における製品構成情報管理の事例

複数の製品構成情報と1つの品目情報を連携

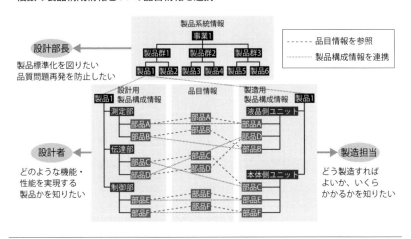

　基づいて、目的に応じて製品情報の組み換えをすることで、わざわざ製品別に製品構成情報を構成し直す必要がなくなるわけです。

　それを建設業に応用すると、建設案件プロジェクトごとに作成しがちなBIMの建設物構成情報を、組み換えやちょっとした修正により流用することを実現し、またそれぞれの建設案件プロジェクト連携や検索を簡易に実現できるようになります。つまりBIMの設計思想を、1案件1BIMから1案件複数BIMへ転換し、その実現基盤となるマスター BIMと機能や工程といった用途別BIMで構成していくことになります。

　余談ですが20年ほど前の製造業でも、複数の製品構成情報を用意し組み換えを行う派と、単一の製品構成情報で組み換えは行わない派の2つに分かれていました。現在においては「単一の製品構成情報で組み換えは行わない派」はほぼいなくなりました。利便性や工数負荷の観点に鑑みると自然な結論ではあります。

　もちろん建設業は製造業とは異なる点はあります。しかし、事業を支えるデジタルツールの基盤整備・拡張という視点では非常に類似していると

言えないでしょうか。この製造業での先行事例は示唆深く、有力なヒントになり得ると考えます。

BIM活用と若手の成長

今後、労働人口の減少が確実な中、身につけるべきスキルの軽重を明らかにし、付加価値の高い仕事に従事する時間の割合を増やしていくことは事業ポートフォリオ組み換えとともに経営の重要なイシューとなります。個々人のスキルや時間の使い方の観点でもBIM活用を機に、これまでの常識や思い込みに対する見直しが必要になるのではないかと考えます。

BIM活用を進めると設計者や施工者のスキルが低下すると考える方がいます。確かに低下しやすくなるスキルもあるのでしょう。例えば、BIMの3次元形状を取り扱うという特徴から、2次元図面から立体を想像するスキルは低下する可能性があります。

一方で向上しやすくなるスキルにも目を向ける必要があります。機能設計力や工程設計力等、建設物の情報を体系的に整理して検討を行う業務に関するスキルです。建設物の情報を体系的に整理するとは、例えば、エントランスに関する情報／廊下に関する情報／エレベーターに関する情報／居室に関する情報、のように建設物の部位の用途別に情報を整理するといったことが挙げられます。

前述のとおり、BIMは用途別の体系（建設物構成情報）を組み合わせることになります。そのため、若い世代は機能設計を行う際の機能の体系、工程設計を行う際の工程の体系、購買を行う際の購買先の体系といったようにさまざまなアングルから形式知化された建設プロジェクトのモデルを理解することができます。このことは、これまで複数現場を回らないとつかみ切れなかった故に暗黙的であり、かつ経験することを通じて理解してきたプロジェクトマネジメント業務を体系的に把握することを可能にします。結果、若手であったとしても一定以上のパフォーマンスを発揮することができると言われています。

例えばですが、機能設計を題材としてノウハウの形式知化がパフォーマ

ンス向上につながる流れを説明します。設計は「顧客要求を建設物の物理的な形に変換していく行為」となります。しかし、顧客要求から直接形状が決まることはありません。一度、機能へ変換した上で物理的な形に変換していくことになります。皆さんもイメージしやすい身近なものとしてワイングラスを例に見てみましょう。

（顧客要求）　香りを楽しみたい
（機能）　　　匂いを集める
（形状）　　　チューリップのように先がすぼんだ形

（顧客要求）　ワインを温めたくないという顧客要求
（機能）　　　ワインと手が離れた状態でグラスを保持できる
（形状）　　　脚を付ける

　このように、顧客要求を実現する機能に一度変換した上で、機能を実現する形状を考えていくことが設計です。特に世の中に存在しないものをゼロから創り出す際は、このように考えることが一般的です。
　しかし、建設物や製品を設計する場合、すでに流用対象が存在しているケースが大宗となることから、この検討プロセスが省かれるほうが多くなります。その結果、形状を図面に落としていくものの「その形状がどのような機能を発揮し、どのような顧客要求を満たしているか」までを十分に理解した上で設計していない設計者が生まれやすい状況になってきているようです。先のワイングラスの例で言うと、小型化という顧客要求に対して指が入らない長さの脚を設計する、というように「なんでそんな設計をしたの？」という設計品質問題が起きることもあります。
　このBIMにおける用途別の体系（建設物構成情報）の作成は、言い換えると暗黙知化されたナレッジの形式知化にほかなりません。したがって、技術伝承がなされている企業では建設物構成情報の作成が円滑に進みますが、そうでない企業においては行き詰まる場面にしばしば遭遇します。つ

まり、設計者が根拠なく形状を図面に落としている状態、つまり「指の入らないワインの脚をつける」設計が起きている状態と同義と言えます。このように建設物構成情報の作成は設計ノウハウやナレッジの形式知化と同義と言えます。

　一方、これまでのゼネコンの業務では「学びの現場と学べる内容」がセットであるという前提で語られてきました。現場でしか学べない内容があることも確かです。しかし、すべてがすべて現場でしか学べないものでもありません。よく「現場に行って勉強してこい」という発言を聞きますが、これからは「現場に行く前に勉強できることは勉強した上で、現場でしか学べないことを学んでこい」という時代になると考えます。つまり、このBIM（と、構成する建設物構成情報）により「学びの現場」と「学べる内容」のアンバンドル化が生じます。そして、より効率的に多くの人が同時多発的に学ぶ機会を得ることが可能になります。このようにノウハウやナレッジの形式知化が全社パフォーマンス向上につながっていきます。

　時代とともに求められるスキルは変遷します。BIMに代表されるデジタル系のスキルを考えると明らかです。この文脈に照らすと、このBIM（と、構成する建設物構成情報）に基づく全体像を把握したプロジェクトマネジメントスキルや設計は、これまで重要と言われていた2次元図面から立体を想像するスキルのように、失われるかもしれないスキルよりも重要になる可能性を秘めているのではないでしょうか。

理想の状態に向けたハードルの発生理由

　BIMに対する一定の共通理解に基づき、本節の冒頭で述べたBIMのフルポテンシャル発揮に向けたハードルの発生理由を深掘りしていきます。この深掘りした理由のうち、フルポテンシャル発揮に向けたハードルが1つだけのゼネコンも存在すれば、いくつかの要因が存在し、かつ複雑に絡み合う現象が見られるゼネコンも存在します。そのため、ハードル解消に向けた方向性は個社で異なりますので、誤解を避けるために本書では理由の深掘りにとどめます。

結論から言うと、BIM推進に向けて現状の業務からの行動や業務変更を求められる方と、BIM推進による利益を享受する方との間で、不一致（＝"ずれ"）が存在していることがハードル発生の根底にあるからと考えます。ゼネコン内の経営と事業部といったレイヤー間や設計と施工といったバリューチェーン機能間、あるいは年齢間やゼネコンと協力会社といった組織体間といった、至るところで不一致が散見されます。

　例えば、上流部門と下流部門の間にある"ずれ"です。前工程の設計時に施工性を検討すると、設計部門の検討工数は増加しますが、施工時の手戻りが低減する効果を享受するのは後工程の施工部門です。

　また、ゼネコンと協力会社の間にも"ずれ"が存在します。ゼネコンがBIMを活用すると検討工数は増加します。しかし、このことによりゼネコンから協力会社への作業指示でミスが低減した場合、その作業手戻り低減の効果を享受できるのは協力会社です。

　そして、現在と将来の間にある"ずれ"も挙げられます。取り組み初年度の成果は少なく、設計部門の工数増加といった投資フェイズとなります。効果の刈り取りは2年目から組織全体で徐々に獲得することとなり、投資対効果が見合う水準になるのは早くて5年目、というようなことが普通です。

　この"ずれ"がBIM推進の"総論賛成・各論反対"の温床と言えるでしょう。この対応として例えばとなりますが、長谷工コーポレーションにおいては、BIMモデル作成費の一部を施工側が設計側に支払う社内マーケットの考え方を導入しています。つまりバリューチェーン間の上流と下流の"ずれ"を最小化していく工夫を行っています。

BIM推進に向けて

　各ゼネコンが身を置く状況や取り組みの進展次第で推進に向けたアプローチは異なっていくものの、大枠としては次の①から③のステップをたどることとなります。

①現在の事業部に加えて企画や運営管理を含むバリューチェーン全体や新たなビジネスモデルを見据えた未来におけるありたい姿の青写真を作成（「BIMの定義」参照）。なお、その際は建設情報の活用目的の明確化が求められます（「BIMの活用目的」参照）。

②次に建設情報活用目的を実現する業務／情報システムの全体像を策定し、BIMのカバー領域部分を特定。つまり、デジタルありきから入らずに、アナログに業務全体像とそれを支える情報システム基盤を明確にした上で、どこをBIMによるデジタル化で代替するかという発想が求められます。

③最後に、BIM活用の目標達成に向けたボトルネックを抽出し、解決に向けたPDCAサイクルを設計。つまり、入れっぱなしで終わらずに、その運用を通じた効果刈り取りに向けた計画とコミットが求められます。

　このような大枠で検討を進めた場合、BIMの属性情報に多くの情報を持たせようという結論にはならず、全社での建設情報の整備を進めるアプローチになることが多くなります。いわゆる、全社レベル成功優先（「演繹的」アプローチ）と言え、経営への活用や全社トータルでの効果の大きさに着眼した取り組みになります。

　一方、現場の使いやすさ、着手のしやすさ（小さく生んで大きく育てる）という観点を重視すると、個別プロジェクトにおける特定目的にフォーカスするアプローチになることが多くなります。いわゆる、個別案件成功優先（「帰納的」アプローチ）と言え、蓄積したモデル案件をもとに仕組み化した上で全社に展開という極めてミスが許されにくい、担当レベルにとっては合理的な進め方となります。

　この２つのアプローチを投資対効果の事業経済性の観点から考えると、「投資における共有コスト化」、「効果におけるリターン累積効果」の違いが生じることから、全社レベル成功優先（「演繹的」アプローチ）のほうがよいのではないかと考えます（図表2-6）。

図表 2-6　BIM 推進に向けたアプローチ

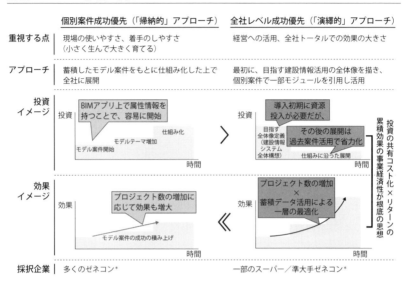

	個別案件成功優先（「帰納的」アプローチ）	全社レベル成功優先（「演繹的」アプローチ）
重視する点	現場の使いやすさ、着手のしやすさ（小さく生んで大きく育てる）	経営への活用、全社トータルでの効果の大きさ
アプローチ	蓄積したモデル案件をもとに仕組み化した上で全社に展開	最初に、目指す建設情報活用の全体像を描き、個別案件で一部モジュールを引用し活用

採択企業　多くのゼネコン*　　　一部のスーパー／準大手ゼネコン*

＊：ADL独自調査結果

BIMに関する規制動向

　2021年現在、BIMが義務化されている国は12カ国（シンガポール、米国、デンマーク、フィンランド、ノルウェー、スウェーデン、英国、UAE、韓国、ロシア、香港、オーストラリア）存在します。その中でも比較的北欧、シンガポール、米国のBIM活用は進んでいる模様です。BIM活用促進に関する規制が高い導入率の一因とも言われていますが、このBIMに関する規制が制定・強化される理由は国により異なる様相を見せています（図表2-7）。

北欧におけるBIM動向

　BIM発祥の地は米国と言われますが、BIMの義務化をいち早く実施したのはデンマーク、フィンランドです。この2カ国は2007年の公共工事分野におけるBIM義務化を手始めに、急速にBIMが普及を見せました。北欧

図表 2-7　各国の法規制動向

	BIM 導入率	BIM の義務化		規制概要
		政府／公共	その他	
日本	中	（2023 年予定）	―	2023 年に小規模を除く公共工事での BIM/CIM を原則化
シンガポール	高	✓	✓	2015 年に 5,000㎡ 以上の建築申請での BIM モデル提出を義務付け
米国		✓	―	2007 年の PJ から米国共通役務庁 PJ では BIM モデル提出を義務化
デンマーク		✓	―	2007 年から公共工事分野での BIM を義務化
フィンランド		✓	―	2007 年に政府 PJ での BIM を義務化
ノルウェー		✓	―	2010 年から全公共施設と政府施設での BIM を義務化
スウェーデン		✓	―	2015 年から全公共施設と政府施設での BIM を義務化
英国		✓	（予定？）	2016 年より全政府 PJ に BIM を義務化、2025 年に完全 BIM 化を目標
UAE	中	✓	✓	2015 年に大型、並びに政府 PJ で BIM を義務化
韓国		✓	―	2012 年から一部 PJ、2018 年から調達庁発注 PJ はすべて BIM を義務化

諸国でいうとノルウェーも 2010 年までにすべての公共施設と政府施設の建設において IFC（Industry Foundation Classes）ファイル（building SMART international によって策定された国際標準（ISO16739:2013）の 3 次元モデルデータ形式）の提出が義務づけられました。このように北欧で早期に義務化・普及した背景には BIM 関連ソフトウェアの開発経緯があると言われます。

　フィンランドは資源面で他国に比べて劣位であることから研究開発を国家戦略と位置づけて産学連携での IT 高度化を推進しています。この取り組みは建設分野でも同様です。例えば、1997 年からフィンランド国立技術研究センター（VTT）を中心に開始した VERA プロジェクトでは建設関係での結果を数多く残しています（VERA はフィンランド語で「建設プロセスのネットワーク化」の頭文字）。この VERA プロジェクトにおいて BIM の共通ファイル形式となる IFC の策定や IFC の基本ソフトウェアが開発され

たことで、現在のBIMの骨格が定まったと言われています。

　また、ノルウェー、デンマークも同様にIFCの実証実験が2000年代前半に活発に行われていました。このような事情もあり、公的施設へのBIM活用の義務化が進みました。なお、フィンランドでは2007年に政府資産運用管理会社のSenate Properties社が「BIM Requirements」、2012年に公的機関が「Common BIM requirements（COBIM）」というガイドラインを発表しています。内容の充実度合いから発表当時は高く評価されていたと言われています。

シンガポールにおけるBIM動向

　現在BIM先進国としてよく取り上げられるシンガポールでは、2013年度からBIM活用の義務化を開始しました。当時は2万㎡以上の意匠設計のみが対象でしたが、年々、その適用範囲は拡大し続けており、現在は5,000㎡以上の建築申請における意匠、構造、設備のBIMデータ提出を義務づけています。BIM活用の推進に向け、シンガポール政府は非常に丁寧なガイドライン類を発行しています。大きくSingapore BIM GuideとBIM Essential Guidesの2種類に分けられ、Singapore BIM Guideはプロジェクト関係者の役割と責任について、BIM Essential Guidesは新しいユーザー向けBIM実装ガイドラインとなります。このようにシンガポールで進展するBIM活用ですが、この動きを後押しした背景は3点あると言われています。

　1つ目は北欧諸国と同様に国家戦略の推進です。シンガポールは都市輸出の先進国を目指し、国土情報のデータ化を推進しています。都市輸出とは、「急速な都市化、厳しい財政下での大規模インフラ整備等の途上国都市の課題を解決するため、インフラ製品・技術を提供すること」とされています[15]。「バーチャル・シンガポール計画」に代表される取り組みとも連

15　都市ソリューション研究会編、原田昇・野田由美子監修（2015）『都市輸出——都市ソリューションが拓く未来』東洋経済新報社。

携して都市輸出の提案といった場面でも使用できるように、建設段階の
データを取り込む動き（＝BIM活用の推進）を積極的に進めています。

　2つ目は国民の雇用確保が背景にあります。2000年代後半以降、経済成
長率の鈍化により国内人材の雇用確保優先を目的に単純技能を提供する外
国人労働者の受け入れ抑制へ舵を切りました。BIM活用により「フロント
ローディング」を実現し、施工時の手戻りが少ない設計を実現します。こ
のことにより単純技能を提供する外国人労働者を必要とする建設現場の作
業員を抑制するとともに、少ない人数でも建設現場での品質を維持・向上
する環境を実現することが可能になることからBIM活用を進めています。

　3つ目は設計レベルでの品質担保の必要性が背景にあります。自国の建
設に関する設計のレベルが低いという問題意識を持っていたことから、一
定水準を担保するプラットフォームとしてBIM活用を推進しています。
BIM活用により設計時において部材の干渉状態の作成や積算を実現するこ
とから、設計士の設計ミスの見落としや必要部材の計算ミスを防ぐことが
可能になります。

米国におけるBIM動向

　比較的BIM活用が進んでいる国として最後に取り上げるのは米国となり
ます。米国では米国共通役務庁が2007年にBIMを義務化した後、発注者
となる州、教育機関等が独自に義務化を進めています。現状、BIMの申請
を義務化する代表的な機関と役割は以下のとおり、さまざまに分かれてい
ます。

- 米国共通役務庁（GSA）
  - ▸ 連邦財産の管理維持、公文書の管理、資材の調達・供給などを行う
    （米国全土に1万カ所の拠点を持つ）

- 退役軍人省（VA）
  - ▸ 約28万人の職員を雇用し、数百の退役軍人用医療施設、診療所お

および給付事務所を有す

- 陸軍工兵隊（USACE）
  - ダムなど土木工事PJの計画、設計、施工および運転
  - アメリカ陸軍／空軍の軍事施設の設計と施工管理
  - 他の連邦政府の施設の設計と施工管理の支援
  - 放射能汚染地域の管理・除染（FUSRAP）

- 連邦高速道路局（FHWA）
  - 主に高速道路の設計、契約管理等の監察を実施

- ニューヨーク州等

また、これ以外にもBIMに関する数多くのガイドラインが見受けられ、受注業者にはそれぞれのガイドラインを把握した上で対応していくことが求められます。

このように発注者が独自に義務化を進めることとなった事情としては2点あると言われています。

1つ目は、訴訟リスクの回避です。例えば設計と施工は完全に分離し、それぞれの担当がそれぞれの持ち場のみを担当します。隣で進捗が遅れていても私は関係ないというスタンスですが、一方で、言われた範囲内ではしっかりと遂行します。米国には契約社会のイメージを皆さんもお持ちだと思いますが、言われたことを行わないと、あるいは言われたこと以上のことを、それが善意であったとしても行った場合は訴訟に発展するリスクが存在します。

極端な書き方をすると、もし設計側が干渉チェックを見逃した設計に基づき施工を開始していたとしても、施工側からそのことを指摘することはありません。このようなミスを予防する、指示における言った言わないを回避する、言われた範囲を言われたスケジュールで実施しているかを把握

するといった目的とデジタルは相性が良いことから BIM 活用が進んでいます。

　2 つ目は、多国籍労働者と雇用形態の管理のためです。施工作業員間でも多民族国家であるために英語能力に差があることから、言語での指示が正確に伝わらないリスクが存在します。また、"一人親方"的に個人で CM や PM 業務を請け負って建設案件プロジェクトに参画するフリーエージェントが存在する一方、大手のエンジニアリング会社からチーム単位で参加するといったように、仕事の進め方を含むプロトコルや経験の異なるさまざまな契約形態の参加者が存在します。多様性に富んだチームをまとめて建設案件プロジェクトを進める上では BIM という共通のプラットフォームの存在は非常に都合が良いと言えます。

日本における BIM 動向の現状

　このように BIM 活用が比較的進展していると言われている北欧、シンガポール、米国では、その必要性が高かったことから、義務化や民間普及も進んでいったものと言えるのではないでしょうか。

　一方、日本では BIM 活用の主目的に生産性向上を掲げるゼネコンを多く見ます。前述の繰り返しとなりますが、その結果、経営としての優先度は重要ではあるものの、対応をしなければ事業停止になるといった企業維持的な取り組みと比較すると実行面での徹底は十分でなかったと言えるのではないでしょうか。実態としても、比較的先進的なスーパーゼネコン 5 社においても突出して BIM 活用を推進する企業があるとは言い難い状況です。

　ただし、高い生産性を実現するゼネコンと低い生産性のままで居続けるゼネコンといったようにゼネコン内での生産性状況の二極化のトリガーとなる可能性を秘めた BIM 活用に密接に関わる取り組みが出始めているのも事実です。ゼネコン間での生産性を二極化する可能性を秘めた取り組みとは「建設情報システム」の構築となります。つまり、ゼネコン内の経営や建設に関わる情報（含、子会社や協力会社の一部情報）を管理するデジタル化の試みです。

この「建設情報システム」の重要な構成要素の1つとしてBIMが存在します。BIMの定義はさまざまですが、ここではわかりやすさを優先し、一般的なイメージである「BIM＝形状情報＋属性情報」を前提に話を進めます。なお、ここでの形状情報とは建設物構成要素の形状を表す3Dデータと建設物構成要素のグルーピングを表す建設物構成ツリーを指し、属性情報とは各建設物構成要素に関連する情報（材質、製造者、コスト等）を指します。

　BIM活用を通じて生産性を向上させる重要なポイントはBIMのアプリケーションに持たせる属性情報を必要最小限にし、他のデータベースと連携する設計とすることです。

　諸外国での活用状況でも確認しましたが、もともとBIMは建設業の経営を起点に生み出されたものではありません。建設プロジェクトを起点に生み出されたものであることから、プロジェクトをいかに効率的に進めて、よりよい建設物を作るか、という問題意識に従いツール自体は成り立っています。そのため、ある建設物のQCD（品質、コスト、納期）向上に必要な情報を集約したいという思想に基づき、建設物の形状情報に必要な属性情報を持たせると便利であるという考え方になります。

　つまり、システム的にはBIMのアプリケーション内に多くの属性情報を格納していく構成になりがちです。細かいことを抜きにすれば建設案件プロジェクト視点でBIM活用をする限りでは問題は生じません。

　一方、ある建設案件プロジェクトでの情報を社内横断で活用したいという経営目線での要望が出た際に問題が生じることが多い印象があります。例えば、あるゼネコン内におけるすべての建設案件プロジェクトで可能な限りある資材メーカーの製品を使用する方針を立案し、一定量以上の調達に基づくコストダウンを実現しようと考えたとします。実現に向けては、現在の調達先とそれぞれからの購入量と購入単価の現状の可視化が最初のステップになります。もし建設案件プロジェクトのそれぞれのBIM属性にコスト情報が格納されている場合、極端な話、社内の全建設案件プロジェクトのBIMファイルを確認していく作業が必要です。このように建設案件

プロジェクト横断で全体像を把握しようとしたり、情報の横比較をしたりしようとした場合、膨大な業務工数（人手と時間）を必要とします。

　結果、経営としては「なんですぐに情報が出てこないのか？」「出てきたとしても、情報の賞味期限が過ぎているよ」といった状況になります。そして、その情報共有用のシステムやツールをデジタル化の名の下に導入し、社内に特定用途の特定場面向けのシステムやツールが氾濫するといった場面を多く見ます。日本では優秀な方が多いがためにパッチワーク的に"使いこなす"方々も多く、日常においては表面化しづらい状況にはありますが、業務の見直しや特定人材に紐づいた業務承継問題、システムの全面刷新といった企業運営上起こりうるイベント時に問題が露出する場面にもよく遭遇します（し、相談を受けます）。

　このように経営目線での全社横断での建設案件プロジェクトや、ある特定のセグメント（商業ビル向け、病院向け、等）の建設案件プロジェクトを対象にした資材の共通化を進めたり、実際に起きた品質問題やインシデント情報の共有を進めたりしたい場合に、毎回、それぞれの目的に適合する情報を収集し、整理していては人材不足の時代にもかかわらず現場に出ない人材を大量に必要とする事業構造となってしまいます。

　改めて、ゼネコン間での生産性を二極化する可能性を秘めた取り組みの話に戻しますが、どのゼネコンも社内の建設情報をしっかりと一元的に管理したいという経営としての意思を持っています。しかし、その取り組みの思想は「個別の建設案件プロジェクトの最適化型」と「横断での建設案件プロジェクトの共有コスト最大化型」に二分されています。

　もちろん、個別の建設案件プロジェクトの最適化型の思想をすべて否定しているわけではありません。懸念は、前述の論点を検討の上で個別の建設案件プロジェクトの最適化型の思想を経営として意思決定するのではなく、なんとなく経営の意思決定が行われている状況にある場合です。つまりひとつひとつの建設案件プロジェクトに真面目にしっかりと取り組んでいるにもかかわらず、全社での知的資本蓄積の成長サイクルが機能不全を起こし、競合劣位の状況に徐々に陥っていくことがないようにしなければ

と考える次第です。

i-Construction

　国土交通省によるとi-Constructionは「ICTの全面的な活用（ICT土工）」等の施策を建設現場に導入することを通じて建設生産システム全体の生産性向上を図り、魅力ある建設現場を目指す取り組みと定義されます。現状のi-Constructionの取り組みは土木分野におけるドローン、マシンガイダンス建機、マシンコントロール建機の活用が中心となり、BIMよりも活用・効果獲得が進んでいます。

　前述のとおり、BIM活用・効果獲得にはオペレーションの変更や部門間の役割分担、部門や個人の評価方法等を変える業務改革とのセットでの取り組みに加え、そもそも戦略と平仄を合わせたBIMの設計思想や目的の設計が必要です。

　一方、i-Constructionの取り組みの多くは現状のオペレーション変更といった業務改革を行わずに既存作業を新ツールで代替する取り組みとなります。背景としては、国土交通省が主導していること、官庁案件で入札の加点になっていることが後押しとなっています。もう少し補足すると、国土交通省としては現場が対応しきれない施策を強行すると、その施策を遵守しなくてよいものと認識される可能性が生じることからそれを避けたいと考えるためだと思われます。

効果獲得のポイント

　既存作業を新ツールで代替する取り組みが多いことからBIM活用と比較すると導入後の効果獲得がしやすくはなります。しかし、何も考えずに導入しても新ツールによる効果のフルポテンシャルを十分に得ることが難しく、効果を最大限享受するには大きく2点のポイントが存在すると考えます。

①適用条件の明確化
②資産管理方法の整備

　1点目の「適用条件の明確化」とは、どの条件の現場では、どの機器（含、非i-Construction機器）を、どう運用することが適しているかの明確化です。例えば、ドローンは敷地が広いほうが有効、マシンガイダンスは法面が多いほうが有効、マシンコントロール機器は河川の沿岸のように同じ形状の法面が続く時に有効、といったことは感覚的に理解されると思います。しかし、同じように広い場所でもドローン活用が有効な敷地とそうでない敷地はないのか？　有効度を上げるのは敷地よりも使用方法ではないか？　といった問いに対し、しっかりと自社の見解をまとめていることが重要になります。過去の建設案件プロジェクトでの現場と機器の関係を具体的に整理し、現場に最も適した機器を判断できる土台を整備します。この取り組みを通じて未来の建設案件プロジェクトの現場においても最適な機器を選択できるようになると、i-Construction導入の効果をフルポテンシャルで享受できます。
　2点目の「資産管理方法の整備」とは、例えば以下のポリシーに対して自社の見解をまとめて持つことを指します。資産管理方法を整備していないことにより各現場が各々の判断で機器を購入・ハンドリングし、結果として全社で見ると、類似トラブルが再発、高価な機器を都度購入、工事終了後に他現場で再使用できるにもかかわらず処分といったことが発生している例を見てきました。作業所の利益責任や現在の管理会計の仕組みを踏まえると簡単な課題ではありませんが、だからと言って取り組まない理由にはなりません。この取り組みを通じて、資産の投資対効果を高めてi-Construction導入の効果をフルポテンシャルで享受できるようになります。

（資産管理ポリシー例※）
・それぞれの機器について購入するのか／リース・レンタルするのか。

- 購入やリース・レンタルは本社、支店、作業所、協力会社のどこがするのか。
- 作業所以外が費用を支払う場合は作業所への経費負担はどのように決めるのか。
- 作業所が購入する場合は、工事終了後に機器をどうするのか、本社や支店に譲与する場合、経費の取り扱いはどうするのか。
- 自社が購入し、協力会社へ貸与する場合のスキームはどうするのか。

※必要に応じて、現場の状況（広さ、工種等）や資産の特性（使用頻度、費用）による管理区分を設定

IoT

IoT（Internet of Things）については、多くの企業が建設物竣工後のオペレーションマネジメント段階における活用を中心に検討を進めています。実用化の例としては、建設物内外の温度、湿度、CO_2濃度等を測定し、建設物内の空調を制御することを通じて、利用者の快適性と建物の省エネを両立する利用方法となります。

オペレーションマネジメントは捉え方により領域が大きく変化するため、まずその説明をします。捉え方には大きく3つの方向があります。1つ目が事業領域、2つ目が技術・デジタル領域、3つ目がマネジメント・パターンです。

1つ目の事業領域には以下のような広がりがあります。

- 不動産レイヤー
- 設備レイヤー
- 生活者／事業者向けサービス

不動産レイヤーでの事業領域の代表例は、PM（Property Management）、

BM（Building Management）、AM（Asset Management）、FM（Facility Management）です。一般的に、PMは契約締結や賃料回収等、不動産に関わる対人関係の業務、BMは清掃や設備保守等、ハード面の管理、AMは投資家視点での資産管理業務、FMは不動産に関わるすべての施設を対象とし、最小コスト、最大効果の最適化した状態を維持、運営する業務を指します。このように不動産に関わるマネジメント対象により事業領域が変化します。

　設備レイヤーは、BMやFMと重なる空調設備、電気設備等建設物の設備のほか、不動産観点で語られない場合もある発電設備、物流設備、生産設備等があります。さまざまな設備のうち何を対象とするかで、事業領域が変化します。

　生活者／事業者向けサービスレイヤーは、空港、道路等の運営を主体的に行うサービスや、商業施設、病院、等の運営を支援するサービスがあります。建設物ではなく事業の専門性が要求され、独立事業者を"上回る"レベル（価格・質）の担保が必須となりますが、事業領域拡大の可能性としてはさまざまな方向が考えられます。

　2つ目の技術・デジタル領域には以下のような広がりがあります。

- センシング対象
- 解析対象
- 制御対象

　センシング対象の例としては、人流測定、人の状態測定、環境測定、設備状況測定、エネルギー測定等が挙げられます。解析対象の例としては、サービス（建設物運営、エネルギーマネジメント等）の解析、開発（建設物／サービス）、設計、施工へ情報提供するための解析等が挙げられます。制御対象の例としては、人流制御、人のコンディション制御、環境負荷制御、設備制御、エネルギー制御が挙げられます。

　これらのうち、どのような技術を対象にするか、どの範囲をデジタル化

するか、というのが2つ目の技術・デジタル領域の捉え方になります。

3つ目のマネジメント・パターンには以下のような広がりがあります。

- 保全パターン
- オペレーションへのフィードバック
- 対象とする問題

保全パターンは、事後保全、定期保全、予兆保全、予知保全に分けられます。事後保全とは故障が発生してから行う保全です。故障を検知するための対象物の状態診断技術が用いられます。定期保全は故障を防止するために定期的に行う保全です。保全回数の過不足が生じる可能性があるため、シミュレーションの技術が用いられます。予兆保全は故障の予兆をキャッチして行う保全です。予兆のセンシングを含む、本節の主題であるIoT技術が用いられます。予知保全はどのような故障がどのようなタイミングで発生するかを予測して行う保全です。AIや機械学習技術が用いられます。どのパターンまで対応するかにより事業領域が変化します。

オペレーションへのフィードバックは、問題が起きない企画、設計、調達、製造・施工、サービスにするためのフィードバックです。どの範囲にフィードバックするかにより事業領域が変化します。

対象とする問題は、設備故障、不安全行動、サービス水準低下等です。どのような問題を対象とするかにより事業領域が変化します。

オペレーションマネジメントの領域を捉えるための3つの方向性を説明しました。本節の主題であるIoT技術をオペレーションマネジメントに適用する場合、まずオペレーションマネジメント領域自体を明確にすることが必要です。

なぜなら、IoT推進における最大の課題は、目的の明確化であるからです。建設物内のヒト、モノ、環境の状況を測定するための技術開発が多く進められていますが、その結果何を実現するかが曖昧なことや、何を実現するかは一応決めているが、それが事業として成立するかが不明なことが

非常に多い状況です。

　商業施設であれば売上や利益を上げるために何をすればよいか、物流施設であれば安全に効率的にものを運搬するにはどうすればよいか、医療施設であれば医療ミス防止や患者の待ち時間を減らすためにはどうすればよいか、マンションであれば住人が幸せな生活を送るためにはどうすればよいか、などがわからなければ良い目的を設定することはできません。すなわち、それぞれの用途に対する専門性が必要となります。

　現在のビジネスモデルでは、当該検討は主に施主が担うため、建設業各社は一部を除き踏み込んだ検討を行わず、測定など要素技術の開発に注力しています。しかし、各社とも中長期計画においてバリューチェーンにおける上流・下流への進出を図り、企画からオペレーションマネジメントまで一貫したサービスの提供により提供価値の高度化を志向しています。そのため、自社の重点領域を見極め、他業界からの人材採用やM&A等の手段も講じながら、専門性を高めていくことが不可欠ではないでしょうか。

2.2　SDGs、素材循環

　現在、少子高齢化、地球の限界（資源／環境の問題）、格差の拡大といった社会課題に対して、国連／政府のみならず企業にも積極的な解決が期待される時代となってきています。国連／政府が主に関心を持つSDGs（Sustainable Development Goals）のコンセプトにおいても「企業を重視した社会課題解決の推進」を掲げ、一方の企業が主に関心を持つ、ESG（Environment、Social、Governance）のコンセプトにおいても「本業の事業経営を通じた社会課題解決を推進」を掲げています。つまり、社会課題に対する政府と企業の断絶していた取り組みは融合しつつあると言えるのではないでしょうか。

　企業も積極的に社会課題の解決を目指すこの時代においては、ゼネコン

各社も無関心ではいられません。環境対応での施主へのプレッシャーが強まり続ける中、施主自身の事業経営、サプライチェーンにおいてCO_2排出量が多く、かつ取り組みやすい建設領域に着手するのは不可避の動きと言えるでしょう。

　当該動向を敏感に捉えたゼネコン各社の反応は、中期経営計画といったIR情報を見ていても、関心高く取り組んでいくという意向を読み取れます。具体的には土木・建築といった本業における環境に配慮した技術・工法の開発、CO_2負荷の低いコンクリート等の建設資材調達、等や、新規事業としてのクリーンエネルギー領域への取り組み（例：電力の小売事業者登録を行い、周辺施設への再生可能エネルギー直販や、蓄電池を含めたエネルギーマネジメントといったストック型事業への進出）といった動きが挙げられます。

　一方で、ゼネコン各社としては、国の指針、並びに国の指針を受けた施主要請への対応は重要かつ必要と考えるものの、取り組む上での対応事項や順序に対しては手探りの状況とも言えます。何百年と続いてきた伝統的な既存事業モデルを前提に経営しているところに、急に経営課題となったこのSDGs／ESGへの対応が、ゼネコン各社の成長にどうつながっていくのかをうまく整理できていないようにも見えます。もっと端的に書くと、費用対効果をこれまでの尺度で捉えると取り組みに対する根拠が不透明に見えるので、意思決定が困難な状況に陥っているのではないかと理解しています。

▌SDGs／ESGへのスタンス

　SDGsやESGといった言葉が登場する以前から、社会貢献（CSR、等）や環境対応（3R〔Reduce／Reuse／Recycle〕、等）のような、類似した取り組みの重要性には言及されてきました。そのため、今回のSDGs／ESGという企業経営への新たな要請は、2020年のダボス会議で取り上げられたから騒がれているくらいで、これまでとあまり変わらない啓発活動の一種

と捉えている方も多いのではないでしょうか。しかし、ここ数年顕著な傾向にある資金調達市場におけるカネ余りという現状が、これまでの啓発的な掛け声とは異なる影響を、ゼネコンを含む企業経営に及ぼすのではないかとわれわれは捉えています。

　例えば、ある物流不動産の開発、運営、リーシング、PM等をグローバルに展開する企業においては、グリーンボンド（環境に配慮するプロジェクトに要する資金を調達するために発行する債券）を発行し、不動産開発に取り組む動きが見られます。このグリーンボンドは資金調達市場におけるカネ余りを背景とした新商品としての位置づけとともに、「環境に配慮＝サステナブルに不動産が存在＝長期間での投資回収リスクが他物件より低い」というロジックで成り立っています。実際、他で調達する資金よりも金利優遇されるため、施主にとっても事業収益性の観点から見逃せない動きとなっています。

　建設事業は投資額が大きく、投資期間の長いプロジェクトとなります。そのため、資金調達市場における具体的な動きについては、経営上、掛け声にとどまらない、真剣に考えるべき要素になり得ると考えます。

ゼネコンの企業価値の再考

　では、このSDGs／ESGをゼネコン各社の経営としては、どのように扱えばよいでしょうか。1つは資金調達市場との対話の切り口として設定した上で経営が事業運営をモニタリングする指標として掲げてマネジメントすること、もう1つはその指標達成に向けて各事業の活動へ落とし込むことの2つの方向性での対応が考えられます。

　1つ目のSDGs／ESGモニタリング指標の設定についてですが、ゼネコン各社にとっては「少し待ってくれよ」というのが、本音ではないかと考えています。それは、導入に反対というよりも、時期が悪いというのがわれわれの理解となります。

　これまで、第1章のゼネコンの歴史の節でも触れたとおり、ゼネコン各

社は土木・建築事業における施工という案件請負を通じたPL（損益計算書）面の色彩の強い事業モデルを中心にマネジメントをしてきました。

　近年は、この事業モデルに加えて、竣工後の管理・運用や施行前の区画整理といった不動産事業に力を入れ始めています。そのため、資産を保有し事業運営するというBS（貸借対照表）面の色彩の強い事業モデルに取り組んでいます。このことにより、事業の業績評価や管理手法、人材採用・育成といった事業運営の各種制度設計面で整合性をとる必要が出始めてきています。これだけでも大変な状況ではあるので、モニタリング指標については「少し待ってくれよ」となります。

　また、この現状の事業モデルの変化に加え、さらに資金調達市場からはSDGs／ESGという財務指標（PL／BS）の枠には収まらない、非財務指標面の色彩の強い指標で企業活動のマネジメントが求められるようになります。つまり、これまでの財務指標とは異なるモニタリングの仕組み設計・導入が求められるようになります。具体的には、設定すべき尺度、評価に向けた水準（ハードルレート）、測定に向けた必要データの特定、収集方法と計算方法の設定、そして工数負荷を最小限にとどめる経営サイクルへの落とし込みといった取り組みは最低限の対応として必要になります。

▍TCFDによる後押し？

　こうした取り組みに連動するものとして、実際の事業活動と密接にリンクし始めているのがTCFD（Task Force on Climate-related Financial Disclosures）による提言です（図表2-8）。2016年にG20の要請を受け、金融システムの安定化を図る国際的組織、金融安定理事会（FSB）によって設立されたこの取り組みは、当初は金融業界を中心としたものでしたが、2017年6月に最終報告書を公表して以降、金融に限らず幅広い企業・団体等に対し、気候変動関連リスク、及び機会に関する項目について開示することを推奨しています。

図表 2-8　TCFD による全セクター共通の提言内容

ガバナンス (Governance)	戦略 (Strategy)	リスク管理 (Risk Management)	指標と目標 (Metrics and Targets)
気候関連リスクと機会に係る当該組織のガバナンスを開示	気候関連リスクと機会がもたらす当該組織の事業、戦略、財務計画への現在及び潜在的な影響を開示	気候関連リスクについて、当該組織がどのように識別、評価、及び管理しているかを開示	気候関連リスクと機会を評価及び管理で用いる指標と目標を開示
推奨される開示内容	推奨される開示内容	推奨される開示内容	推奨される開示内容
・気候関連のリスクと機会についての、当該組織取締役会による監視体制を説明 ・気候関連のリスクと機会を評価・管理する上での経営の役割を説明	・当該組織が識別した、短期・中期・長期の気候関連のリスクと機会を説明 ・気候関連のリスクと機会が当該組織のビジネス、戦略及び財務計画（ファイナンシャルプランニング）に及ぼす影響を説明 ・ビジネス、戦略及び財務計画に対する2℃シナリオなどのさまざまなシナリオ下の影響を説明	・当該組織が気候関連リスクを識別及び評価するプロセスを説明 ・当該組織が気候関連リスクを管理するプロセスを説明 ・当該組織が気候関連リスクを識別・評価及び管理するプロセスが、当該組織の総合的リスク管理にどう統合されるかを説明	・当該組織が、自らの戦略とリスク管理プロセスに即し、気候関連リスクと機会を評価する指標を開示 ・Scope 1、Scope 2 及び、当該組織に当てはまる場合は Scope 3 の温室効果ガス（GHG）排出量と関連リスクを説明 ・当該組織が気候関連リスクと機会を管理する目標、及び目標に対する実績を開示

出所：TCFD（2017）「最終報告書　気候関連財務情報開示タスクフォースによる提言」（株式会社グリーン・パシフィック訳）

　少し前に「VUCA：Volatility（変動性）・Uncertainty（不確実性）・Complexity（複雑性）・Ambiguity（曖昧性）」という言葉が流行りましたが、気候変動はまさにVUCAそのものの、予測困難な状況にあります。そのため、企業の財務活動においても、そうした変動リスクを踏まえたものとして検討し、備えについても開示すべき、という考え方とも言えます。

　図表2-9はすべてのセクターに対して開示が推奨される情報ですが、金融業界と非金融業界に分類された補助ガイダンスも用意されています。どの分野に補助ガイダンスが存在しているかを示したマップも提示されており、金融業界では「戦略」「リスク管理」、ゼネコンが属する非金融業界では「戦略」「指標と目標」が中心となっています。

　とはいえ、こうした補助ガイダンスがあったとしても、これらすべてを

図表 2-9　金融セクター及び非金融グループのための補助ガイダンス

	銀行	保険会社	資産保有者 （アセットオーナー）	資産運用者 （アセット マネジャー）
戦略	・炭素関連資産（エネルギー及び発電関連）への与信の集中度合い	・気候関連リスク及び機会の顧客、ブローカー選定へもたらす影響 ・気候関連商品の開発状況 ・気候関連シナリオについて、2℃に加え、2℃を上回る物理的シナリオ下におけるリスク耐性	・気候関連シナリオの使用方法（特定の資産形態への投資の開示等）	・気候関連リスク及びシナリオが商品及び投資戦略にどのように組み込まれているか、また移行リスクの影響を受け得るか
リスク管理	・信用、市場、流動性、オペレーショナルの各リスク分類の下で気候関連リスクを特徴付ける	・気象災害の頻度増加及び甚大化による物理的リスク、低炭素経済への移行がもたらす保険価額の減少、賠償責任リスクの増大に関し、地域別／事業分野別に説明 ・リスクモデル等のリスク管理手法、想定される気候関連事象の幅	・投資先企業とのエンゲージメント手法 ・投資ポートフォリオの移行リスクに対するポジショニング	・投資先企業とのエンゲージメント手法 ・商品及び投資戦略ごとに気候関連リスクをどのように識別・評価しているか
指標	・産業／地域／信用度／平均と信期間別の信用エクスポージャー、株式／債券保有状況、トレーディングポジション等	・物保険における予想気象災害損害額	・気候関連リスク及び機会に関し、ファンド及び投資戦略ごとに用いる指標 ・保有資産の GHG 排出量に関する加重平均原単位	・気候関連リスク及び機会に関し、ファンド及び投資戦略ごとに用いる指標 ・保有資産の GHG 排出量に関する加重平均原単位

きちんと理解・整理し、開示するためには、相応の労力を必要とします。また、一度対応したとしても、基本的には毎年見直しや更新をしていかなければならないため、継続的な取り組みになります。

　2015年に誕生したTCFDですが、2021年5月末日時点において、日本では提言への賛同を示し、実際に開示まで行っているのはわずか355団体です。うち、ゼネコンにおいては清水建設、大林組、鹿島建設、大成建設、竹中工務店のスーパーゼネコン5社と、戸田建設、三井住友建設、東急建設の準大手3社の8社であり、全体で2万社を超えると言われるゼネコン業界からすると、ほんの一部の企業にとどまっています。

　では、そうした企業は何を目的としてTCFDの提言に賛同し、財務情報

図表2-10　ESGが株式パフォーマンスに与える影響

注：ハーバード・ビジネス・スクールが実施した、企業の持続可能性への取り組みが業績や株主還元に与える影響の評価
出所：Harvard Business School, Solvay, Unilever, Borealis, MIT Sloan Management Review, Arthur D. Little

を開示するのでしょうか。TCFD対応のメリットとしてよく挙げられるのは、以下4点です。

①金融機関による融資増加

②既存の開示要件を今まで以上に効果的に実行できること

③リスク管理強化と情報に基づく戦略策定の実現

④投資家への積極的な関わり

　この中で、直接的なメリットとして挙げられるのは、先ほどのSDGs／ESGの中でも少し触れた、①の金融的なメリットでしょう。TCFDに限らず、投資家はサステナビリティにつながる投資にシフトしています。実際、サステナブルな経営方針を取ることで、20年間の株価パフォーマンスが約2倍にまで開くほどになっており、投資家の姿勢も明確に変化してきていると言えましょう（図表2-10）。

　また、ロンドン証券取引所のプレミアム市場に上場する企業に対し、英

国金融当局はTCFDガイドラインに基づく情報開示を「Comply or Explain（遵守せよ、さもなければ説明せよ）」型で義務づけました。プレミアム市場での上場を維持するためには、TCFDに対応しなければならない、というわけです。こうした流れを見ると、TCFDを単なる啓発活動と位置づけ、従前と変わらぬ表面的な対応を継続してしまうと、気がつけば資金調達もままならない、というようなことが近い将来起こる可能性は高いと想定されます。④の投資家との関わりにおいても、厳しい追及を受けたり、逆にアナリストから見向きもされなかったりというようなことが起きるかもしれません。

┃ インターナル・コンバージェンス

　2つ目の指標達成に向けた各事業の活動への落とし込みに向けてですが、指標の議論に先行して、現場ベースでのSDGs／ESGを意識した具体的事例は散見され始めています。例えば、コンクリートの製造バリューチェーンにおけるCO_2排出削減／抑制等の素材開発、部材をその要素ごとに分割し可能な限りPCa部材化した上で、搬入／組立による工期短縮や安全性確保といった工業化工法の促進等はその事例の1つでしょう。

　こうした現場技術からの取り組みは、草の根的にボトムアップで積み上げられる良い活動であると考えられる一方、穿（うが）った見方をすると、できる領域から取り組んでいるだけのようにも見えます。前述のとおり、ゼネコン各社の取り組み次第で企業価値向上が可能な時代においては、SDGs／ESGを意識した非財務指標と、各種制度／施策との整合性が重要になります。こうした草の根的な取り組みだけでは企業価値向上につながるほどの大胆な目標を達成するまでには至らないでしょう。

　また、指標との整合性をとるのみならず、その指標の持つ意味合いを再解釈した上で、各種制度／施策へ落とし込んでいく経営も求められます。例えば、「これからは建物自体の機能や性能よりも、建物を通じて利用者に提供する価値に着目していく」といったように、指標達成に向けて各種

制度／施策の方向性を定めて、具体化していくことが重要になります。そして、当たり前の話ですが、指標自体を目的化することなく達成度や変化の進捗を測るための手段としてどう利用するかを忘れないことへの留意が必要となります。

2.3 ゼネコンの機能化（ソリューション提供への進出）

デジタル技術の進展、価値観の多様化、個人の存在感や発信力の高まり、等により、産業／企業は既存のビジネス領域にとどまらない範囲での拡張・統合が不可避となってきています。このような事業環境の下、（特に大手の）ゼネコンは産業／企業の垣根を超えたソリューション提案を、建設業界を代表してリードする役割が期待されます。以下、事業環境変化とゼネコンへの期待について述べます。

事業環境変化

従来、財やサービスの利用者である個人は、産業バリューチェーンの終端に存在していました。各産業／企業はそれぞれのビジネス領域において、ビジネスが成立する規模で顧客セグメントを切り出し、製品（含、建設物）やサービスの企画、設計、製造（含、施工）を行い、顧客へ提供していました。

しかし近年は、デジタル技術の進展に伴い、SNS等により各個人が要望を発信できるようになりました。個人の能力や権利が重視される風潮において、価値観や生活が多様化するとともに、各産業／企業は各個人に最適化した製品やサービスを提供し始めています。

自分向けの製品・サービスに慣れ始めた個人の要望は、産業ごとに分かれていないことが多いため、産業／企業は既存のビジネス領域にとどまら

ない範囲であっても、垣根を超えた製品・サービス提供が必要となってきています。つまり、画一的なプロダクトではなく、顧客の要望に適合したソリューションを提供しなければならなくなってきています。また、それに加え、要望の内容において個人の満足よりも、社会課題の解決の比重が高まってきました。したがって、各個人の要望を把握した上で、そのソリューションは個人だけでなく社会（さまざまなステークホルダー）に対しても価値のあるものでなければならないという、複雑な構造になってきています。

　以上をまとめると、従来はバリューチェーンで捉えられていた産業構造が、個人が中心となり、さまざまな価値提供のネットワークが張り巡らされる構図へ変化してきているのではないでしょうか。

▌ゼネコンへの期待

　バリューチェーン型から、個人が起点となる価値提供ネットワーク型へ産業構造が変化する中、個人と各産業／企業の間に入り、コーディネートをしていく役割はますます重要になります。具体的には、各個人の情報を収集した上で潜在ニーズを含めた要望を把握して各産業／企業へ伝えるという各個人から各産業／企業への橋渡しをする役割が1つ。もう1つは、さまざまな産業／企業の製品やサービスの目利きをして厳選して束ねて、各個人のニーズに対してソリューション提案の橋渡しを行う役割です。この双方向の価値のオーケストレーターの役割を発揮するには、4つの能力を必要とします。

①各個人のニーズを把握する能力

　ゼネコンは住居であるマンションや戸建住宅といった生活に密着した建設物も実装します。この実装には、生活に関する大枠の要望から部分的で詳細な要望までの理解が必要になります。その意味で、ゼネコンは生活の場の実装を通して当該能力を身に付けていると考えます。

②各個人のニーズを各産業／企業が理解できる内容に翻訳する能力

ゼネコンの通常業務においては協力会社に適切な要件を提示する能力です。協力会社は建築に求められる個別機能は保有するものの、施主や利用者のニーズを全体的、かつ解像度高く把握する能力は欠けていることが多いです。

③さまざまな製品やサービスを目利きする能力

ゼネコンの通常業務においては建設に必要な協力会社を集める能力と言えます。ニーズに対し、必要となる機能＝協力会社を見極め、集め、組み合わせることは、施工する機能をすべて自社で保有しないゼネコンには必要不可欠な能力であり、最適な関係者を見極め、組成するゼネコンならではの機能と考えます。

④さまざまな製品やサービスを束ねてソリューションにする能力

現在のゼネコンの業務においては空間を設計・施工する能力が近しくなります。ゼネコンはある空間に存在する一部の機能（例：部屋の照明設備の施工）のみを担当するのではなく、空間すべてに責任を持つ（例：採光や壁紙、部屋のレイアウトを含む部屋全体の設計）ことから、当該能力を身に付けていると考えます。ただし、明示的に全社の活動として当該能力を蓄積・評価しているケースは少ないと考えます。

4つの当該能力は、すでにゼネコンからはこれら能力の発揮を見て取れることから、双方向の価値のオーケストレーターの有力候補と言えるのではないでしょうか。この価値のオーケストレーターという側面から改めて自社の強みを見直して事業化していくことを言い換えると、ソリューション提供への進出となります。

2.4 ストック・リニューアル

　人口減少や少子高齢化、モノの所有よりも体験や体験の共有に喜びを感じる世代や時代の変化に即した価値観の多様化といった潮流を背景に、建設業界でも常に新たなモノを建設し続けるというビジネスに限界が見えつつあります。そのため、ゼネコン各社はすでに保守、リニューアル、オペレーションマネジメントサービスの提供といったストック型ビジネスへの注力を方針として掲げ、取り組みの強化を始めています。現状、分離発注の慣行が根強いことから方針は掲げるものの、既存のフロー型ビジネスと割合が逆転するにはもう少し時間が必要だろうというのが業界内での印象ではないでしょうか。

　このゼネコンのストック型ビジネスへの進出の動きは業界の将来を考える上で重要な点を示唆していると考えます。現在、完工後の引き渡し時点で建築物が100点満点の状態になることを目指してゼネコン各社は事業運営をしています。この事業運営は現業において合理的な判断と考えます。

　しかし、引き渡し時点での建築物の100点満点の状態は、建築物のライフサイクル視点では必ずしも100点満点とは言い切れないこともあります。いわゆる、一品一様の世界観の下で作り出された最高の建築物が保守・運用を含むオペレーションマネジメントを行う上では手間であったり、特殊技術や部材を必要としたりとコスト高や価値の拡張を制限する可能性も秘めています。

　この領域における事業強化に向けては、単なる事業領域のシフトとケイパビリティ確保にとどまらず、営業段階で施主へ提案する価値の転換が必要とされます。つまり、「引き渡し時点での建築物の100点満点」を提供価値として約束するのではなく「建築物のライフサイクル視点での100点満点」を提供していくことが必要になると言えるのではないでしょうか。

コラム

「ゼネコンの文化・風土」②全能型リーダーが部下を従える

「ああ、大体できていますね」

建設業界におけるBIM推進リーダー、i-Construction推進リーダーといった改革推進リーダーからは、よく聞かれる言葉です。

実は、この状況は製造業とは大きく異なります。製造業では「できていない」と話される方が多く、できるだけ具体的にいろいろなことをお伝えすると、「よくうちの事情がおわかりですね！」と、話が弾みます。そのため、製造業での経験を頼りにゼネコンの門戸を叩いた時にも、まず現場の困りごとを徹底的に取材し、悩みを共有することからスタートしようとしました。ところが、その反応は冒頭のようなものでした。

その後、長年にわたり建設業界に携わった今になって振り返ってみると、「大体できている」と言われていたとしても、よくよく聞いてみたり、現場に入ってみたりするとできていないケースに多く出くわしました。にもかかわらず、なぜ「大体できていますね」と言われたのか。それは、業界文化の違いに起因するのではないかと考えています。

日本の製造業における文化の象徴はQCサークルと考えています。QCサークルとは、Quality Control（品質管理）サークルの略で、主に現場の作業層が製品の品質管理や作業能率の改善などのためにアイデアを出し合い議論する小集団のことを指します。社長から現場の一担当者までが例外なく改善提案を出します。常に、理想と現実の乖離の発見とその克服を継続的にやり続ける文化が日本の製造業の強さの源と言えるのではないでしょうか。そのため、「できていない」ことだらけになるのです。そして、面識がないコンサルタントの話にも耳を傾け、改善点を見つけようとする文化が創られてきたのではないかと考えています。

一方、建設業は多くの人が集まり、各人がそれぞれの役割を果たすことで成り立っています。全体リーダー（作業所長）の下にサブリーダー、その下にサブサブリーダーという形で、リーダーがメンバーをまとめる形が何階層にも連なります。リーダーシップのあり方はそれだけで書籍1冊になるほど奥深いものです。

　そのリーダーシップのあり方の1つに、正しく、頼れるリーダーにメンバーがついていくというスタイルがあります。昭和世代を中心に一定の割合で存在しています。このようなリーダーシップのスタイルの人の中には、問題が存在すること自体を非常に嫌う人たちがいます。うちの組はうまくやれている、みんな安心して仕事を進めてくれ、といった感じでしょうか。このようなリーダーにとって、面識のないコンサルタントが言う現場の問題など、たとえそれが正しい内容でもうなずく価値はありません。他の人が正しいことを言うと自分のリーダーシップが脅かされると考えているようなリーダーもいます。

　これらは事業環境や文化によって、状況に適合させながら形作られてきたものと言えます。そのため平時では問題が表面化することはあまりありません。問題が起こるのは、事業環境の転換期です。事業環境が変わればリーダーシップのあり方も変わるべきなのですが、文化は事業環境よりも遅れて変化するため、リーダーシップ改革の妨げとなります。建設業界は今まさにこの状況にあるのではないでしょうか。

　一昔前のオーケストラでは、巨匠の指揮者が綺羅星のごとく存在していました。圧倒的な音楽的知識や教養を持つマエストロが、それらが不足している楽員を指導するといった構図です。しかし今はすべての楽員が指揮者に近い知識・教養を身につけ、指揮者は各メンバーの多様性をいかに引き出し、昇華させるかに心を砕いています。建設業界の改革リーダーもこのようなスタイルを求められるようになってきているのかもしれません。

第 3 章

ゼネコンの抱える課題

本章では、建設インフラ・建材市場の中心的な担い手となるゼネコンの立場から見た課題を確認し、ゼネコンが進む方向性の議論のベースを提供します。

　課題といっても切り取り方には多くの観点があり、実にさまざまな事象が「課題」と呼ばれています。どの企業にとっても既存事業と新規事業、そしてその先の成長のための取り組みの間で発生する投資資金・人材といったリソース配分、組織構造や評価の仕組みを最適にしていく上で悩みは尽きないでしょう。ゼネコン各社とお話をしていると、特にそうした悩みが深いように感じます。変わらなければいけないことはわかっているが、今の事業・今の組織のあり方から抜け出せない、今以外の形が考えられないというような声をよく耳にします。

　そこで本章は、こうした悩みの根本には一体どのような原因が潜んでいるのかを掘り下げ、解きほぐしていきます。今業界に起きていること、業界の性質・特殊性を踏まえつつ問題の真因へと話を進めていきます。ここで示したいのは、建設業界で課題とされている問題は、以前は合理的であった活動から生み出されているものであること、それが事業環境の変化に合わなくなってきていること、環境変化を意識せずに努力を重ねても余計に問題が深刻化する難しさがあること、といった点です。

　次章の戦略の議論に進む前に、ぜひここで課題認識を新たにしていただきたいと思います。

3.1　よく耳にする「課題」

　まずはさまざまなところで取り上げられ、またわれわれがゼネコン各社と議論する中でよく耳にする課題から見ていきます。

労働者の不足

　近年最もよく指摘されるのが労働力の不足に関する課題ではないでしょうか。

　建設業の就業者数は、1997年の685万人をピークに減少を続けています。結果、2016年には492万人[16] とピーク時より200万人近く減少しています（図表3-1）。また、厚生労働省の「一般職業紹介状況」[17] では、2020年度の建設技術者（建築・土木・測量技術者）の有効求人数は5万5505人、一方の有効求職者数は2020年度で9,455人となり、有効求人倍率は、2020年度平均で5.9倍に達し、コロナ下であっても非常に高い水準で推移しています。また、建設技能労働者についても、型枠大工・とび工・鉄筋工を含む「建設躯体工事の職業」は2020年でも9.3倍に上っており、建設業界全体で労働者が不足している状況と言えるでしょう（図表3-2）。

　特に、リーマンショック後10年間で建設技術者の求人倍率は上昇を続け、全産業でも最も高い水準にあります（図表3-3）。

　これは、建築市場がバブル崩壊後に長期的な縮小を続けた後、10年ほど前から増加に転じたことと軌を一にしています。

　ただ、もう少し踏み込んでみれば、地殻変動はもっと早く起きていたことがわかります。就業者に占める若年者の割合は20年以上前から大きく減

16　総務省「労働力調査（基本集計）」2021年（令和3年）7月分。
17　パートタイムを除く常用の数値。

図表3-1 建設業就業者数 技能労働者数の推移

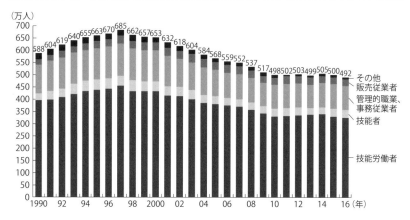

出所：総務省「労働力調査」

図表3-2 建設業関連職種の有効求人倍率の推移

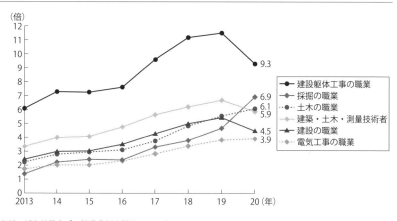

出所：厚生労働省「一般職業紹介状況」2021年

少しています。

　総務省の2018年の労働力調査では、建設業就業者のうち、55歳以上が34.8％を占める一方で、29歳以下の若者層の割合は11.1％となります（図

図表 3-3　さまざまな産業での有効求人倍率の推移

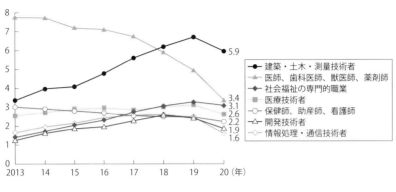

出所：厚生労働省「一般職業紹介状況」2021年

表3-4）。産業における年齢構成として、適切な人員構成を保つことができ
ている状況とは言い難くなっています。10年後には、55歳以上という習熟
度の高いベテランが多くを占めているであろう階層の、3分の1程度は引
退が見込まれます。このことにより、現場におけるオペレーショナル・エ
クセレンスを実現する上で、設計図と実際の建物の行間を埋める、施工上
のノウハウや特定の技術知見承継が大きな課題となることは容易に想像で
きます。

　団塊ジュニア世代以下の若年者人口の減少も一因であるはずですが、
2000年代初頭に急速に若年層の建設業界離れが進んだと見ることができま
す。公共工事の入札制度改革により、競争の激化・受注獲得のためのダン
ピングが指摘された時期と重なっていることにも注目してよいでしょう。

　こうした中で長期的に育成すべきであった若年技能者が育たず、今日の
需要増の波を迎えることとなってしまったという供給面の制約は非常に大
きいと言えます。

　新たな建物需要が次々に出てくる中で、建築投資は引き続き高い水準で
推移する可能性があります。それを限られたリソースで対応するという難
題に立ち向かうことを考えると、生産性向上のための努力が必要であるこ

図表 3-4 建設業就業者の年齢構成

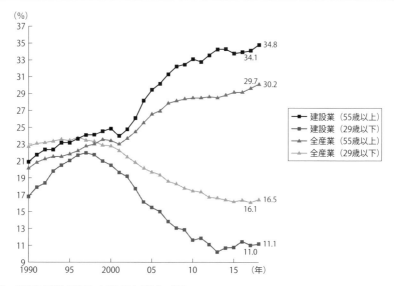

注：総務省「労働力調査」を基に国土交通省で算出
出所：国土交通省「建設業における就業者の状況」（2019年9月12日第47回社会資本整備審議会住宅宅地
　　　分科会資料5）

とは言うまでもありません。テクノロジーの活用等も含め省人化・業務効率の向上を目指すことは欠かせない取り組みになるでしょう。

既存事業における悩み

事業そのものに目を向けると、個別のプロジェクトをどう推進するかという「実行」と、そこからズームアウトしてどこに注力するのか、何で差別化するのかといった「戦略」の悩みを聞くことも多々あります。

まず「実行」については、プロジェクトマネジャーである作業所長の能力に依存するところが大きく、所長により差が出てしまっていることを指摘されることが多いです。

作成がルール化されている計画は、プロジェクト全体の大日程計画（工

事全体を対象とし、月レベルの粒度でタスクを記載したもの）と毎日の小日程計画のみのところが多いですが、優秀な所長はその中間の中日程計画を作成しています。なぜなら中日程計画が現場での問題解決に直結するからです。例えば、客席が設置されるアリーナ建設において、座席下のスペースに各種設備を詰め込むため干渉防止が課題になっていたとすると、その解決計画は大日程計画では粒度が粗すぎ、小日程計画では手遅れになります。このように、課題の規模に合わせた日程調整が必要になるためです。

　解決すべき問題を発見するという意味では、マイルストーンとなる完成度の目標設定も重要です。わかりやすい例は設計になりますが、実施設計完了時に設計完成度をどこまで高めておくべきかという基準は人によるばらつきが大変大きく、筆者が業界初心者の頃は戸惑ったものです。確認申請が取れさえすればよいのか、その時点で記載されている意匠、構造、設備の図面間に矛盾（干渉）がなければよいのか、のように、基本的な考え方においてもまったく認識が合っていないゼネコンもありました。

　また、進捗管理についても、スケジュール管理だけで、工数管理を行っていない所長もまだまだ多く、4週8休の実現、近年指摘されることが多い働き方改革の推進への対応が危ぶまれています。所長にとっては部門間の壁を乗り越えることも難題です。設計と施工は業務が完全に分離しているため、設計時に施工担当に検討を依頼することが難しい、そもそも施工担当がアサインされていない場合があるなどです。部門横断でそれらを調整できる所長とそうでない所長とで、大きな差が出る要因になっています。

　問題はプロジェクト推進者だけではありません。「プロジェクト支援者」である研究開発に関する悩みも聞きます。具体的には、研究と現場の間に乖離があること、例えば研究所が施工の自動化のために開発したロボットが、現場に受け入れられていないということも珍しくありません。その理由として、そもそも現場に適したサイズではないといった、現場を訪問していれば簡単に避けられるような問題もあり、支援者である研究所の支援

の対象である現場への理解やコミュニケーション不足の可能性もあるでしょう。

研究所だけでなく、本社と現場にも乖離があります。例えば、本社がBIM活用をルール化したことにより、現場は仕方なくBIMを用いたモデル化は行うものの、あくまで本社に提出するためのものでしかなく、実際の設計や施工にはまったく活用していない、という不幸なことも起こっています。

また同様の話として、情報システム導入の際、目的が不明確なことも多々漏れ聞こえています。例えば、「社内で分散される情報（建設案件プロジェクトの情報や施主の情報、等）を一元管理して経営判断に資するように可視化しよう！」というスローガンの下、情報システムの導入がなされます。しかし、その情報システム導入により何がしたいのかはこれから考える、といった話も聞きます。

次に、「戦略」については、「わが社には戦略と言えるものがない」「他社に比べて強みがどこにあるかはっきりと言いにくい」といった話を経営企画部門の方からもよく聞きます。

第1章から述べているとおり、建設業の業務形態は請負ということもあり、自ら企画するのではなく、施主から依頼のあった案件に対応していった結果、事業領域が拡大・分散していったという言い分もあるでしょう。建築で言うと、オフィスビル、商業施設、病院、マンション、土木で言うと、トンネル、橋、ダム、等どのような案件にも対応しているため、自社が本当に強みといえる領域がどこかは答えることが難しいということではないかと考えます。

今後、市場が縮小し、競争が激化していく状況では、自社の強みを明確に理解し、重点事業領域を設定し、そこに経営資源を投入することで持続的な競争優位を築く必要性を認識されるゼネコンが多くなっている実感があります。しかし、ではどこから手を付ければいいかという悩みを聞くことも多々あります。

新規事業における悩み

既存事業だけでなく新しい事業に関する悩みもよく聞きます。

ひとくちに新しい事業といっても、「海外展開」（同じビジネスモデルの他地域展開）、「事業領域拡大」（建設のバリューチェーン上で従来の設計施工中心から拡大する）、「新たなビジネスモデル構築」など既存事業からの距離はさまざまですが、それぞれに悩みを聞くことが多いです。

まず「海外展開」については、海外では国内とビジネスモデルや商慣習、などが異なることから、その違いに対応できていない、対応する、対応できるだけのリソースを投入していないというのが実情かと思います。

顕著な例が契約ではないでしょうか。国内では阿吽の呼吸で仕事を進めるような形になっており、それ自体は事業を進める上でもやりやすいでしょうし、発注者にとっても便利な面があったでしょう。しかし、海外でこのようなやり方が通用するとは限りません。

また、契約含め協力会社のマネジメントが国内と同じ方法では通用しないことも、多重の下請構造を持つゼネコンにとっては大きなハードルになるでしょう。そうしたハードルの比較的低いODA案件に絞っているゼネコンもありますが、ローカル案件への本格的な展開には大きな谷があります。

２点目の「事業領域の拡大」については、上流（企画、提案）、下流（サービス）への進出は多くのゼネコンが中期経営計画などで方針を掲げています。上流に関しては、前述のとおり既存事業においては、施主から依頼のあった案件に対応した結果、領域が分散していることもあり、企画、提案できるレベルまでクライアントのビジネスを理解している領域が少ないことがネックになっているのではないでしょうか。また、下流に関しては、ビジネス規模が既存事業と異なること、サービスの提供そのものに不慣れなことから思うように進んでいないという話を聞きます。

３点目の「新たなビジネスモデル構築」については、新規事業領域としての上下流と、既存事業としての建築、土木という区分の仕方では対応が

難しい、境界線が融合した案件への対応が求められる場面が増えてきています。しかし、それに対応した組織設計や評価方法、人材配置といった仕組み設計が追い付いてきていないこともよくあります。例えば、開発部門が区画整理からの開発案件を獲得し、自社の土木部門や建築部門と案件を進めようとしても、既存事業側からすると社内評価を上げにくい案件であり、積極的な協力が得られないといったことを耳にします。そもそも、既存事業である建築、土木の売上拡大が主目的で、新規事業はそのサポートのため（サービス自体で儲けるつもりはない）と考えるゼネコンもあります。

　以上、われわれがゼネコン各社から聞く悩みごとを例示しましたが、「わが社にも同じような話がある」というものもあるでしょうし、ほかにも細かいことまで含めると尽きることがないと思います。一方で、これらを解決して成長戦略を描いていこうとする時に、こうした事象のひとつひとつへの対処のみでは一向に成長の姿が見えてこないという根本的な悩み（＝真因）が存在するのではないでしょうか。

3.2　土木・建築の特徴

　そこで、こうした悩みごとの真因について考えることで、本当に向き合うべき課題を絞り込んでいきたいと思います。その前提として、本節では土木・建築の特徴を概観します。

特徴①構造物としての複雑性

　建築物は膨大な種類の素材や部材を組み合わせて、それらが相互に補完し合ったり影響を及ぼしたりしながら機能を発揮しています。土木構築物

も、建築物ほど複雑ではないにせよ、さまざまな部材や素材の組み合わせ
で機能を発揮していると言えるのではないでしょうか。

特徴②機能要求の複雑性

　建築物は人間の活動や生活のための場や空間を作るものであり、工業製
品と違って明確で限定的な機能を求められるわけではないことが多いので
はないでしょうか。工場や倉庫など用途が限定されている建築物であって
も、存続している間は絶えず工場や倉庫における作業の生産性の向上を求
められることも多いと思います。

　また、単体であっても周囲との関係性を注意深く作り込んでいくことの
要請が強いことも特徴として挙げられるでしょう。大規模建築物は周辺の
都市インフラのキャパシティ（周辺道路の交通量など）は言うに及ばず、
コミュニティや景観との調和を求められることは多々ありますし、ダムな
どの土木構築物もその公共性から治水・利水に限らず環境との調和などさ
まざまな機能を求められることでしょう。

　それに加えて、ユーザーサイドの立場が複数考えられるため、それぞれ
の立場からの要求が相いれないこともしばしばあります。例えば、建物
オーナーは限られた投資額で資産価値の最大化を求めるでしょうし、テナ
ントは空間の魅力度アップを追求して集客につなげようとしたり、使い勝
手を求めたりするでしょう。一方で、管理者の立場からはセキュリティや
メンテナンス性が最大の関心事であったりするでしょう。建物のあり方を
踏まえてどこをどの程度重視するかは極めて個別性の高い調整が求められ
ます。

特徴③プロジェクトの複雑性

　設計・施工ともに限られた予算、限られたリソース、限られた時間とい
う制約の中で独自性のあるプロジェクトを進めなければなりません。求め

られるもの、制約条件となるものは多岐にわたり、かつその優先順位はプロジェクトごとに固有であるという点もいっそう事態を複雑にしています。その中で独自の設計組織・生産組織・生産方法・生産プロセスを組み上げていくのが建設プロジェクトという言い方もできそうです。

　もっとも、ここまで複雑な条件の下、すべてにおいて最適化されたプロジェクトは存在せず、ある程度の条件は犠牲にしているのが現実であると言えるでしょう。そうなると実際は慣行的な設計内容や生産方法が採用されがちで、新素材やシステムの検討が進みにくいという面もあるでしょう。

▌特徴④プロジェクトの不確実性（期間中の変化）

　建設プロジェクトは多くの場合、長い期間をかけて行われます。その間にプロジェクトの前提となっていた条件が刻々と、場合によっては大きく変化することがあります。敷地の状況（周辺に類似の建築物の計画が持ち上がった、周辺インフラの整備計画が変更された等）、施主の要望（業績の先行き等から予算を抑制しないといけなくなった、求める機能の優先順位が変わった等）といったミクロな話から、経済状況（為替、金利、景気等）などといったマクロな要因まで含めれば状況の変化から目が離せません。これをどの程度含める必要があるのかは判断が難しいところでしょう。

▌特徴⑤分業の複雑性

　建築物であれば、土地・建物の所有は施主・発注者である一方、仕様の決定は設計者が、施工はゼネコン・サブコン・協力会社が、完成後の利用は発注者・テナント・ユーザーと多岐にわたります。こうした参加者のさまざまな要望を踏まえながら設計が行われ、現場では設計の細部の調整、作業日程の調整などさまざまなすり合わせが行われます。

▍特徴⑥現場との不可分性

　どのような建築物であれ土木構築物であれ、地面という自然物の上に設置され、その接合部分では少なからぬ設計要素の組み合わせが求められます。地面の下には見えない地盤が積み重なっています。特にわが国は土壌がさまざまな種類の堆積土[18]で形成されていることから、慎重なすり合わせが必要です。

　以前から工業化によるプレファブリケーションが進められてはいても、多かれ少なかれこうした不確実性にさらされる現場作業が不可避のまま残されています。

▍特徴⑦自然との対峙（特に土木）

　さらに土木構築物になると、自然界の中に設置され、自然を相手にすることから色濃く現場の影響を受けると言えるでしょう。「土木技術は、自然界の強力なる力を、人間の利用と便益のために管理する術である」という定義が与えられるくらいです。堤防・ダムをはじめとする治水施設や砂防施設などは、その土地に流れる水・積み重なった土から人命等を防御する役割を与えられており、複雑な自然現象に対する理解がいっそう求められます。

　その中で、特に日本の自然特性によってわが国の土木は影響を受け、制約を受け、発展してきました。読者の皆さんご認識のとおりだと思いますが、改めて列挙してみたいと思います。

18　沖積層や洪積層といった年代区分によって固結度の違いがあるだけでなく、火山活動によって形成された関東ロームや南九州のシラスなどのほか北海道の泥炭などの特殊な土壌、さらに人間の活動によって過去水田であった場所であったり干拓地・埋立地・宅地造成地など人工的に造成されたりした土地も含めれば非常に多様な土壌特性が存在すると言える。

＜気象特性＞
- 年間の降水量が温帯にしては多い上、梅雨など短期間で大量の降水に見舞われる。特に春から初秋にかけての豊富な降水量は水稲栽培を可能とし、治水・利水の技術の向上が求められる。
- 緯度の低さに比べて降雪が多い。北アルプス等の山地が雪雲を発生させ、特に日本海側で雪対策、雪崩や融雪洪水対策が積み重ねられている。

＜地形特性＞
- わが国の国土は70％が山地であり、海抜100m以下の土地は13％に過ぎない。交通路を開発するには多数のトンネルの掘削が必要となる。
- 国土面積に比べて海岸線が極めて長く、有効に活用できる海岸線の長さでは世界で最も恵まれていると言える。港湾や臨海工業地域の建設が盛んに行われた。

特徴⑧不可逆性

　自然を相手にする以上、ひとたび工事を始めると仮に不要になっても構築物の除却が容易ではなく、また原状回復も困難である点も特徴と言えるでしょう。これは次の⑨公共性のベースにもなります。

特徴⑨公共性（土木における発注者責任）

　特に土木事業は、生活基盤・産業基盤の建設・整備のために行われることが多く、あらゆる開発計画の先導的な役割を持つため、優れた企画・構想・総合志向が求められます。こうした性質があることから、発注者には、公共の利益を増進する責任、必要な技術開発を導く責任が課され、建築では耳にしない「発注者責任」という言葉でも表現されています。近年は財政制約の高まり等から経済効率や費用対効果を高める責任も課されるようになり、その責任はいっそう難しいものになっていると言えます。

特徴⑩情報の非対称性

経済学では、相手の行動を観察できなかったり、相手が持っている情報を自分が見られなかったりする場合に不公平な取引が生じることとされています。土木や建築の場合も、施工者には見えても発注者には見えにくい情報があります。例えば、建物の構造耐力は、そもそも平常時にはわからないですし、工事完了後に外から観察・評価することもできません。また、建物や構造物の性質上、対象部位を破壊検査するわけにもいきません。このように、どうしても発注者から見えない部分やわからない情報があるのも土木・建築の特徴の1つと言えるでしょう。

3.3 真の課題＝わが国建設業界の「業界OS」

以上を基に、ゼネコンを取り巻くさまざまな悩みごとは一体なぜ生み出されてきたのか、それらを生み出す構造は何か、という視点からゼネコンにとっての「真の課題」に迫ります[19]。

合理的な行動様式の結晶としての「業界OS」

前節で列挙した特徴の中に、「複雑性」に関するものが数多く含まれて

19　日本の建設業の業界慣行・行動様式・強み・弱みが20世紀後半の長期の成長の産物であるとの考え方は安藤（2007）等で示されているものである。3.3の議論は、以下の文献を参照しつつゼネコン各社等との議論を踏まえて構成した仮説である。安藤正雄（2007）「日本の建築産業の強みと弱み」『変革期における建築産業の課題と将来像：その市場・産業・職能はどのように変わるのか』日本建築学会、青木昌彦（2008）『比較制度分析序説：経済システムの進化と多元性』講談社、Hart, Oliver (1995) *Firms, Contracts, and Financial Structure.* New York: Oxford University Press（鳥居昭夫訳『企業 契約 金融構造』慶應義塾大学出版会、2010年）、藤本隆宏・野城智也・安藤正雄・吉田敏編（2015）『建築ものづくり論』有斐閣、藤本隆宏（2003）『能力構築競争』中央公論新社、Milgrom, Paul R. & Roberts, John (1992) *Economics, Organization, and Management.* Englewood Cliffs, N.J: Prentice-Hall（奥野正寛他訳『組織の経済学』NTT出版、1997年）。

いるのをご覧いただけたかと思います（特徴①～③、⑤。さらに自然との関係に関する特徴⑥⑦も複雑性に関するものと言えるでしょう）。一般的に複雑な業務に関する契約は、取引自体のリスクが非常に高く、締結にコストがかかります。スムーズに契約が締結できない、施工をする事業者が見つからない、設備投資が迅速にできない、といったことになりかねません。建設そのものに根差した性質であり、日本に限らず建設にとって避けがたい特徴と言えます。

さらに、建設行為はプロジェクト開始後に発生する不確実な事象に対応していかなければなりませんし（特徴④）、関係者の尽きることのないニーズを追い続けなければいけません（特徴②）。そのプロジェクトでしか通用しない特殊な対応も必要になります。その観点から、建設の契約は概して非常にハードルの高いものであると言ってよいでしょう。

このような前提の中で、日本の建設市場は一貫して成長を続けてきました。市場の成長・建設需要の増加が非常に長い期間続いたため、発注者・受注者双方にとって安定的に取引を継続することが最も合理的な行動になりました。第1章のゼネコンの歴史の中で触れたところでもありますが、この中でゼネコン各社は、マクロで見れば取引に関するリスク・コストを引き受けることで発注者と安定的な取引関係を築いてきたことが指摘されています。工事期間中における突発事象への対応、コスト増の吸収、工期の遅れの吸収などに契約内容の再交渉をすることなく迅速に対応することでそれを実現してきました。

このような関係性にゼネコンが自らを最適化させていく中で、次のような変化が生じたと考えます。

- 設計施工一括の定式化が進みました。本来発注者が行うべき投資を引き受け、取引に関するリスクを抱え込んでも取引を継続しようとする中で、建物仕様の明確化など本来発注側で行う業務を引き受けるために設計部門を内製化するといった投資も進みます。建築設計のほか、エンジニアリングなど高度な専門性を有する人材を抱え込むことに

よって、顧客の要望に応えていく体制づくりが進みました。大工棟梁の時代や戦前のゼネコン近代化から見られる傾向ではありますが、発注者との関係で合理的な組織形態として選択されたものと言えるでしょう。

- 発注者の要望に沿った特殊な形に「作り込む」ことも戦略上有利な行動になりました。取引の継続を維持するには、細かなものも含めて要望を取り入れ、それに必要な技術開発に投資（取引相手との関係で価値を生み出す、いわゆる「関係特殊投資」）を行い、その関係を強固なものにしてきました。よく言われる「建設業は単品生産だ」という建設業特殊論も、建設そのものが持つ特徴によって先天的に決められた面は否定しませんが、長期にわたるこのような取引慣行によって後天的に生み出されている面もあることには留意したいところです。

- また、建設業は「受注産業」である（つまり、自社独自の戦略の追求よりも顧客に寄り添うものである）という話についても、同じような根拠であくまで相対的な面があると指摘しておきたいところです。請負という契約形態だからといって、顧客の要望を追いかけていれば事業が成立するということではなかったはずです。

- 発注者との関係性維持を目指して設計機能や研究開発の内製化が進んだという点にはすでに触れましたが、こうした関係はゼネコンからの下請けにも及び、設計施工一括の体制の下で垂直統合される多重下請構造（第1章で既出）を生み出しました。

以上のように、建設が生来持つ特徴と日本の経済状況を踏まえ、長期にわたる安定的な市場成長の中での合理性を追求する過程で研ぎ澄まされた慣行は、業界に深く根付いた行動様式としてまるで「業界OS」のように定着してきたと言えるでしょう。そしてこのOSが、安定的な取引関係の下ゼネコンの研究開発投資を促し、わが国固有の厳しい自然条件（特徴⑦）への対処の中から技術力の向上を促すなど、強みの形成に大きく寄与してきたと言えるでしょう。

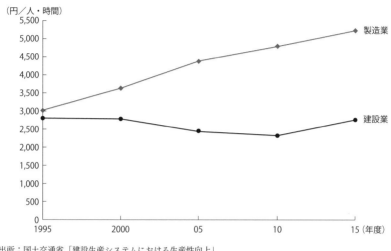

図表 3-5　建設業／製造業の生産性の推移

（円／人・時間）

出所：国土交通省「建設生産システムにおける生産性向上」

■ アップデートされないOS

　ここまででお気づきの読者もいるかと思いますが、今日の建設業の悩みごとや問題として指摘されるもののほとんどは、上記の「建設業界OS」に起因するというのが本章で最もお伝えしたいことです。

　長期間続いてきた成長が終焉を迎え、安定的な取引関係を前提にしたリスクや投資の役割分担の前提が崩れてもう20年以上が経過しています。にもかかわらず、過去からの行動様式は根強く残ってきました。

　3.1節で触れた悩みごととも一部重複しますが、オリジナリティ追求のもと部材・工程が複雑化していること、膨大な工程の複雑化により経験に基づいた技能が必要になり経験工学的な要素が強くなること、そうした経験を備えた労働者の確保が難しくなっていること（図表3-5）、プロセスの管理を徹底した製造業と比べて生産性が劣ること、受注産業としてなかなか自社の戦略を描きにくいこと、その中の競争で何を強みとして何で差別

化するかという成長のきっかけがつかみにくいこと、といった問題は上記業界OSがいまだに根深く残っていることを物語っているように思われます。

　事業戦略や企業経営に問題があるなら、それを是正すればよいでしょう（これも決して簡単な話ではありませんが）。しかし、いわば「正しいこと」をこれまで追求してきた結果、この「OS」が事業や組織体制はもちろんのこと、表には現れない会社の不文律や社員1人ひとりの美意識に至るまできれいに整合してしまっている、というのがこの問題の難しいところであり、筆者が「真の課題」と考えている所以です。

3.4　業界OSの副作用による「二重苦」

　前節では、建設業の真の課題が時代にマッチしない業界OSであるとの見立てを述べました。

　さらに話を難しくしているのが、業界OSの追求が生み出した副作用が、今日においてもそのまま問題を起こし続けている点です。この二重苦にあえいでいる点まで含めて、現在の日本の建設業界の特徴と考えます（図表3-6）。

契約の不透明性

　まず、長期的な関係をベースに各条件を精緻に決めることなく契約が締結されてきた結果、契約内容が実態と乖離したものになっているとの指摘があります。建設に限らず大型の契約で、起こりうるさまざまな事態を網羅的に想定して、そのそれぞれについて内容を精緻に取り決めるケースは少ないでしょう。しかも、建設の場合は、プロジェクト進行中に発生した突発事象に対処するコストアップや追加の対策も原契約で対応すると、実

図表 3-6　合理的な行動様式の結晶としての「建設業界 OS」とその副作用

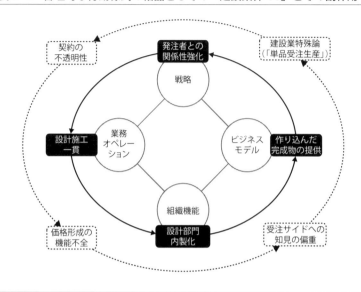

際に完成した建築物・構築物や実際に投入された労働・資材と契約内容に
乖離が出る場合が少なくありません。こうした慣行により、成果物と請負
価格の関係性がいっそう不明確になってきたと言えるでしょう。

価格形成の機能不全

　さらに、3.2節で触れた「情報の非対称性」により、建築物の機能や品
質が発注者に見えにくい面とあいまって、発注者が完成物の機能に対価を
支払い、受注者がそれを目指して機能向上を競うという健全な競争が働き
にくくなっていることも指摘できるでしょう。これは発注側が対価を想定
する際の大きな障害となります。また、発注者側の対価設定のよりどころ
がわからなければ、受注側も価格の設定が難しくなるでしょう。本来は受
注側の提供機能・品質の向上やコストダウンといった組織能力の向上を通

じて利益創出が目指されるべきところが、先行きの不透明感が出てくると短期的な解決に走ってしまいがちです。その結果が赤字受注であり古くは談合であったと言えるでしょう。

▍各種知見の受注サイドへの偏重

　取引リスクを受注者に寄せたことにより、さまざまな知見が受注サイドに偏在することになりました。建設プロジェクトにまつわる各種リスクの対処方法、プロジェクトマネジメントの知見、関連技術は受注者であるゼネコンに蓄積され、発注者がイニシアチブを取れる場面が著しく減りました。これは特に公共事業で指摘されることであり、3.2節の特徴⑨で指摘した「発注者責任」を果たす能力を失い、硬直的な入札制度とあいまって工事品質を評価できなくなった結果、公共工事におけるダンピングにつながってしまったと筆者は見ています。

3.5 もう1つの論点：建設業界は本当に特殊なのか？

　最後に、建設業界は本当に特殊なのかという点に改めて言及しておきましょう。

　私たちがゼネコン各社と課題に関する悩みについて議論する場面で、他業界の事例を紹介すると「建設業は特殊だから」「単品受注生産は製造業とか他の業界と違うから」という話になることが多々あります。

　これまでの議論で、建設業界の特殊性のキーワードである「単品受注生産」「受注型産業」が、建設自体の特性に由来しつつも、業界OSによって先鋭化されていることにはすでに触れました。要求されるものが顧客要望に基づく唯一無二のものであっても、それを唯一無二の方法で応えるかどうかは別問題です。業界OSが形作られた時代は本当に特殊な産業の形を

とることが合理的であったことは否定しません。一方、その特殊性が普遍的なものではないことも本章で繰り返し触れたとおりです。

　そのような観点から、他業界で一足早く時代の変化に対応した事例の中に、建設業界が学べる「教材」がすでに蓄積されている可能性に目を向ける余地があるのではないでしょうか。言うまでもなく、こうした事例において打たれた手（How）を闇雲に真似してもよい結果にならないのが現実です。第1章で言及した業界・市場の歴史や、個別の事象や事情に根差した課題を俯瞰した上で、他市場の企業の経験をうまく取り入れて戦略を立てていく必要があります。

　次章では、これまでの議論を踏まえてゼネコン各社の戦略に関する議論を展開していきます。戦略を考える際は、目指すところはどこか、そこに到達するためにどのような課題に対処していく必要があるのかという議論が不可欠です。その際、本章で展開した業界OSの議論は大きなヒントになることと信じています。

コラム

「ゼネコンの文化・風土」③マネジメントの自前主義

　「まずは、自分たちでやるべきでは」。

　これは外部活用を上申した際に、いわゆる"偉い"人からよく聞かれる言葉です。われわれがコンサルティングの提案を行い、本部長までOKをもらった後、副社長からこのようなことを言われて自走活動になった、というように、現場から遠い役職での稟議で先送りになる経験が、他業界と比較して建設業界では多くなります。

　欧米ではマネジメントは1つのスキルとして捉えられています。日本でもその認識は広がってきましたが、年齢層が高くなるほどマネジメントは人格の一部であるかのように捉える方がいます。つまり、人格が向上すればマネジメントできるようになる、コンサルタントに手

伝ってもらうような楽な仕事の仕方をすると、人格向上のチャンスを
みすみす捨てることになる、というわけです。「結局は人なんだよね」
といってプロセス改革や組織改革を小手先のものと、したり顔で批判
する人が上層部にいる会社において、実は人（社員）にあまり元気が
なかったりする状況にはよく出会います。

　その会社内でしか学べないマネジメント以外のパターンを、外部の
方との協働を通じて効率的に吸収して成長したいと下の世代が考えて
いる時に、すべて自分で苦労して進めなければ本質的なマネジメント
力は身につかないという考えで却下することは、次世代リーダーの前
向きなやる気を削いでいるように感じることもあります。

日本のゼネコンの
戦略オプション

本章ではこれまでの議論に基づき日系ゼネコンの戦略について、建築と土木に分けて論じていきます。

　まず、両者を考える上で避けては通れないキーワードとして「デジタル化と標準化」「レイヤー化」について論じています。前章で建設業界の課題構造を明らかにし、その中で建設業界が必ずしも特殊ではない点を主張しましたが、本章ではデジタルテクノロジーの力も借りながら組織能力としての標準・ルーチンを進化させていくこと、ゼネコンが内部化してきたさまざまな機能の中から一部を取り出して単独ビジネスとして成長させることといった他産業で起きている潮流を取り込むことも視野に入ってきます。

　こうして、戦略のオプションの幅を広げたところで、その武器を使っていく方向性のヒントも提供することを試みています。例えば、新規事業のパートで触れる「プロシューマー化」は、供給者（プロデューサー）と消費者（コンシューマー）の境界が曖昧になるというトレンドが、施設利用者が積極的に建物用途に変更を加えていくという動き、逆に施工者が「プロの消費者」として施設のオペレーション（≠従前からの保守管理）で強みを発揮していくという動きを構想するヒントになると考えています。

　戦略づくりは、自社の強み・組織風土も踏まえながら創り上げるまさに「一点もの」です。本章を読者の事業・企業全体の独自の戦略策定の指針として活用いただければ幸いです。

4.1　国内市場における戦略オプション

　第４章では、これまでの議論を踏まえてゼネコン各社が成長戦略を描く際の考え方・着眼点を示します。「戦略」は各社の置かれた状況やこれまでの歩みによってさまざまな形が考えられるため、一概に「これが取るべき戦略である」ということは言えません。何に着目をするか、どのような視点で考えるとよいか、といった点について材料を提供するところから始めます。

　これまで論じてきた業界の歴史・構造・課題も適宜振り返りながら読み進めていただけるといっそう理解が深まるのではないかと思います。

▌戦略立案機能具備への投資対効果の高まり

　ゼネコンの経営企画部や、事業部において事業戦略を立案される方々と議論をしていると、いわゆる、一般的な戦略検討における、「お作法」的な議論への「不慣れ」を感じる場面に多く出合います。「お作法」的というのは、特定の技術や用途市場を設定した上で（市場の設定）、「こだわりのある（ブランドと呼べる）設計・施工力」を具備し（競争優位性の獲得）、「最適なチャネル」を設計して、リソース配分し能動的に市場開拓を進めていく（営業プランニング）というような、いわゆる教科書的な検討手法です。極めてまれではありますが、「そうしたお作法的な戦略（議論）はわが社には必要ない」という不要論を、経営陣やミドル層からお聞きすることもありました。

　第１章のゼネコンの歴史で振り返ったとおり、ゼネコン各社においては請負業に起因した受身体質に最適化された組織設計等の下で事業運営が行われてきました。そのため、事業運営において自発的な戦略立案という企画機能を具備する必要性は薄く、ある意味で、合理的な判断により、それ

が重要視されてこなかったと考えられます。それよりは現場を中心とした
オペレーション機能の磨き込みや、協力会といった貸し借りの世界を含む
ネットワークの整備を通じた、施主からの要望に対するQCD（品質、コス
ト、納期）最適化に資する機能の具備が、事業運営上の重要な成功要因で
した。

　しかし、国内市場縮小が見込まれる中、対象市場を公共から民間へ、新
規からリニューアルへ、施工からオペレーションマネジメント領域へ、国
内から国外へといったように広げていく事業領域の拡大はゼネコン各社に
とって不可避の動きとなっています。これら事業領域の拡大は、各社の中
期経営計画において成長の方向性を語るキーワードとして必ず盛り込まれ
ています。

　また、ゼネコンによってはさらに解像度高く成長の方向性を提示する場
合もあり、例えば「対象市場を公共から民間へ」という文脈では、病院、
ホテル、物流施設といった物件種別で注力市場を設定するゼネコンもあれ
ば、さらに病院の中でも大病院、大学病院、開業医、といった粒度での
フォーカス領域を設定するゼネコンもあるなど、踏み込んだ検討が見られ
ます。

　こうした動向は、入札機会や実績に基づく関係性、紹介に基づいた受け
身の事業運営のあり方から、自ら設定した市場セグメントに対して進出し
シェアを獲っていくという、能動的な事業運営へ転換することへの萌芽と
捉えられるのではないでしょうか。そして、このゼネコン各社の成長への
取り組みが芽として終わらずに、枝となり幹となるような事業活動に組み
込まれていくには、これまでの合理性と異なる文脈での、合理的な事業の
経済性や成功要因を把握することが必要となります。また同じく、これま
で重視してこなかったケイパビリティを、ゼネコンとして具備する取り組
みも必要になるでしょう。

　このように意図的な転換をドライブする戦略立案機能の重要性の高まり
により、施主の要望に応えていくだけではなく、立案する戦略自体の良し
あしによって、ゼネコン各社の企業価値を増加（減少）させることのでき

る時代が到来したとも言えるのではないでしょうか。

戦略立案の第一歩──立ち位置を決める

　戦略立案のプロセスにおいては、まず自社がどの市場を主戦場とし、他社との相対的なポジショニングはどうなっているかについての定義から入ります。市場の捉え方にはさまざまなものがあります。寡占型の市場か／分散型の市場か、成長中の市場か／成熟した市場か、あるいは市場において自社はトップなのか／2位以下なのかというように、それぞれどのような市場のどこに位置するか次第で、戦略の方向性の大筋の仮説ができます。逆に言えば、位置する市場や相対的なポジショニングを無視した検討を行うと、筋の悪い戦略ができる可能性が高まります。

　（誤解を恐れずに言うならば）ゼネコン各社においては、スーパーゼネコンとその他のゼネコンでは位置する市場が異なると考えられ、その際の基本的な成長モデルも異なると考えられます。そして、そうした市場ポジショニングを背景とした基本的な成長モデルをベースとしつつも、スーパーゼネコン間、その他のゼネコン間においては、横並びを脱却した戦略を示していくこととなります。

　現状においても、海洋土木であればA社、中小・開業医の病院であればB社といった、大枠でのゼネコン間のすみ分けを聞くことがあります。このような特徴を意図的に先鋭化し、社内におけるリソース配分と平仄を合わせていくことが企業価値向上に資する戦略立案の第一歩となります。

戦略立案上の最近の潮流

　近年、企業価値向上に資する戦略を立案していく上で、標準化、デジタル化、レイヤー化という3つの大きな潮流をまったく無視することは難しくなってきました。一方で、スーパーゼネコンと準大手以下のゼネコン、またそれぞれの市場内でのゼネコン各社の立ち位置により、取り組み方は

異なりますが、その中でも、それぞれ取り組み方の傾向は見て取れます。例えば、施主の事業や生活といった、個別の状況に即した建設サービスを提供するという目的においては、建設案件プロジェクトは一品一様であるのが一般的でした。しかし、建設市場の動きをよくよく見ていると、実際には標準化ができないもの（建築では超高層タワー、大規模競技場、土木では海底トンネル、超巨大ダム等）から、標準化が可能なもの（建築では寮やマンション、土木では道路等）まで、さまざまに存在します。

　また、従来からシステム建築物やプレハブ建築物、ユニット建築物といった規格化建築は存在していますが、以前は在来工法であった物件種においても、規格化、標準化への切り替えの動きは徐々に広がっています。

　BIM活用の動向やi-Constructionといったデジタル化の動きは前章までに述べたとおりですが、この標準化の潮流とは相性が良く、相互にイネーブラー（実現手段）として作用するようになっています。例えば、標準化が進めば進むほど建材のオーダーがパターン化・カタログ化され、オンライン発注も徐々に進展するといったように、アナログ的な行動が標準化されることでデジタルへの置き換えが可能になります。

　また、FAXや書面での発注がオンライン発注に切り替わり始めると、このオンライン発注のプラットフォームと資材メーカーが直接つながり始めます。これにより、現在の複層的で非効率な流通構造を代替し、発注者側がより多くの選択肢を、より低コストで利活用できる状況を創出することとなります。まさに、標準化とデジタル化の潮流が相互にイネーブラーとして存在している状態です。

　また、2つの潮流に影響を受ける形で、レイヤー化が進展していくことも指摘できます。従来、ゼネコン各社は営業、設計、調達、施工と一通りの機能を企業内に保持してきました。その中で、レイヤー化、すなわち機能による役割分担が進みつつあるのは、特に調達の領域です。調達機能を内部で保有してきた事業者にとっては、外注化ということになるでしょう。

　調達に限った話ではありませんが、内製を維持するためには、それなり

に重い固定費を抱え込まなければならず、また季節波動により、非稼働時間が発生することが一層の収益へのネガティブなインパクトとなりました。

　それでもこれまで外注化が進まなかったのは、信頼できる外注先を探索した上で能力評価や交渉を行い、そしてタイミングを合わせて契約関係をまとめ、現場では進め方をすり合わせていくといった調整コストが都度必要であったことが大きな理由の1つと考えられます。

　また、協力会社との付き合いを円滑にするための現場でのツールとして聖域化しているという見方をする方もいます。

　そうした課題に対し、標準化とデジタル化の進展により調整コストが下がる兆しが見えてきました。当然、現時点ではすべての物件種別において当てはまる状況ではないものの、発注者であるゼネコンと受注者がデジタル化によってつながることにより、両者にとってローコストなオペレーションが実現する可能性が出てきています。

　この外注化の進展の先には、メガサブコントラクターの登場も考えられます。メガサブコントラクターとは、中小のサプライヤーを統合し、調達機能を一手に引き受ける、建設業界の調達プラットフォームのような事業体です。こうした新たなプレーヤーが登場すると、業界のレイヤー化はますます加速する構造になるのではないでしょうか。

　3つの潮流の関係について簡易に整理をしてみました。事業環境の変化として見て取れる、縮小する国内市場から海外に目を転じた時に必要となる国際競争力の強化（事業の選択と集中）という観点や労働力不足の深刻化やデジタル技術（BIM等）を使いこなす人材の増加という観点も、この潮流に影響を与え、また影響を受けるだろうことは想像に難くありません。

▍ 先行する他業界

　これらの潮流は、まさに現在進行形の動きであることから、建設業界に

おいて具体的な事例を挙げるには時期尚早かもしれません。一方で他業界ではすでに同様の動きを見ることができます。

例えば従来、家電製品を開発・製造できるメーカーは限られていました。しかし現在は（パソコンをイメージしていただくと理解がしやすいかと思いますが）、極端に言えば部品を組み合わせれば素人でも自作できる環境ができつつあります。演算処理を担うCPUや、データを記憶するメモリといった、実現したい機能のモジュール化が進み、レゴブロックのイメージで家電製品を作れる状況にあります。それより少しハードルは上がりますが、3Dプリンターの登場もそうした潮流を後押ししているでしょう。そのため、台湾や韓国といった比較的深い技術基盤を持たなかった海外勢を含む競合の、製造事業への参入は容易となりました。

また、自動車業界でも同様の兆候が見られ始めています。自動車は人命にかかわるミッションクリティカルな製品となります。また、開発・製造の難易度も高く、少し前までは標準化が難しい、すり合わせ製品の代表例としてよく挙げられていました。しかし、昨今は海外を中心に家電メーカーやソフトウェアベンダーの自動車事業への参入も見られます。部品メーカーはその流れに乗る形で、各社が使いやすいように部品のモジュール化、すなわち実現機能とモジュールの関係の単純化を進めています。

建設業界に話を戻して、数少ない事例を探してみると、近年ではリーズナブルな価格のマンション建設の市場は潮流を捉えたわかりやすい事例と言えるでしょう。ただし、それ以外に誰もが知っていそうな目立った事例を挙げられないことから、他業界のようにはならないだろう、との見方もあります。今後、対象物件幅は拡大していくと予想されますが、他業界の事例でも明らかなように、すべての製品が同様の設計思想で製造されるわけではありません。また、最終的には経済合理的な判断を含めて、潮流の影響が限定的な、一品一様の物件種は残り続けることになると考えます。

ただし、家電業界や今後の自動車業界における基本的な競争ルールが変化していくことは想像に難くありません。残るであろう、特定の物件種のみを取り上げて、今後も建設業は他業界と同様にはならないと否定して

は、"茹でガエル"になってしまう恐れがあります。建設業界においても、いかに企業価値向上に資する戦略立案機能を具備し、潮流に対して自分達の強みを発揮できる領域を見極めて取り組むかが問われています。

4.2　土木の戦略オプション

　これまで戦略検討の前提となる標準化、デジタル化、レイヤー化について論じてきました。ここからは、さらに個別領域を取り上げ、具体論に落とした戦略オプション（最終的に採用される戦略の候補群やまだ検討段階として柔らかい戦略の大枠や方向性を指す）に触れつつ、そのイメージを読者と共有したいと思います。

　本節では土木領域における戦略オプションを取り上げますが、戦略オプション検討の着眼点や切り口はあくまで1つの視点として考えていきたいと思います。当然、皆様が身を置かれる事情環境や保有するケイパビリティ、過去から積み重ねられた無形資産など、戦略の変数は多岐にわたります。その変数の組み合わせによっては、ここで示すとは異なる着眼点や切り口のほうが、適切な場合がありえます。そのため、本節の内容をそのまま当てはめるのではなく、その要素から「わが社であれば、どう考えるべきか？」という問いを持ちながら読み進めていただければ、よりイメージも湧きやすいと考えます。

公共土木市場の課題

　土木市場への資金の出し主は公共と民間に大別されます。今回は市場の大宗を占める公共土木市場を中心に取り上げて読者とともに理解を深めていきたいと思います。

　改めて現在の公共土木を取り巻く課題を整理すると、「そもそもの土木

の性質に由来する課題」「公共事業の性質に由来する課題」「近年の市場動向に由来する課題」の3つの異なる側面から生じた課題に整理できます。そして、土木の性質に由来する課題のほうがより根深く対応が困難であり、市場動向に由来する課題のほうが比較的対応しやすい課題（個別案件では解決できている事例も散見）といった性質を持つと考えています。

「そもそもの土木の性質に由来する課題」としては、「個別性（単品受注生産）——大地に根を張る構造物ゆえの与条件の複雑性」、「品質管理の難しさ——現地生産ゆえの複雑性、不良の発見の困難（検査の貫徹困難）、不良品と判明しても交換が困難」、「長いライフサイクル——プロジェクト期間中から与条件の変化への対応が必要（経済・社会・技術・自然環境）」等が挙げられます。すなわち、課題が毎回変わる上に、蓋を開けてみないとその課題がわからず、しかも途中でその課題が変わる可能性がある、ということです。

また、「公共事業の性質に由来する課題」としては、「硬直的な競争制度——予定価格＝上限価格を必ず定める、予定価格を超えてはならない、落札基準は最低価格が原則」、「発注者の能力不足……必要十分な設計情報を示せない」、発注者たる政府に、「"良いものを安く買う"意欲が乏しい」、「発注者の縦割り……工事標準仕様書が所管行政庁ごとに異なる」となります。これらを言い換えると、良いものを作ろうとしても予算は限られており、かつその良いものが本当に良いものかどうかわからず、また同じものでも発注者によって異なる言い方をされる、という感じでしょうか。

最後の、「近年の市場動向に由来する課題」としては、「公共投資の急速かつ大幅な抑制に伴う労働条件の悪化——賃金水準の低下、下請けへの移籍・独立、若年技能労働者の大量離職」、「ダンピングの横行——一般競争入札拡大と予算削減があいまって、赤字受注が増加」となります。これらはもはや負のスパイラル、としか言いようがないかもしれません。

複層的に関連する課題

　そして、これら3つの異なる側面から生じる課題は、掛け算のように複層的に関連します。例えば、市場動向に由来する「公共投資の急速かつ大幅な抑制に伴う労働条件の悪化」の課題の背景には、公共事業の性質に由来する「硬直的な競争制度」「発注者の能力不足」という課題があり、この背景には土木の性質に由来する「個別性（単品受注生産）」「品質管理の難しさ」という課題が存在しています。この構造が、土木に係る課題の解決をいっそう難しいものにしています。

　ここでは、土木性質由来の「個別性（単品受注生産）」と公共事業由来の「発注者の能力不足」と市場動向由来の「ダンピングの横行」の関係を少しかみ砕いて解説します。現在、ゼネコン各社は公共工事案件ごとの仕様書に基づき入札準備をしています。受注獲得に向けて自ずとゼネコン各社は得意な領域での公共工事案件の仕様書作成の知見を蓄積する行動をとることになります。

　一方で、入札準備に必要な書類（工事標準仕様書、等）は発注者ごとに作成されている部分もあることから、共通事項の内容も少しずつ異なります。また、「個別性（単品受注生産）」で補足したとおり、土木は大地に根を張る構造物ゆえ、与条件の複雑性が存在することから（ある程度の仕様部分は共通化されてきた歴史はあるものの）、仕様書は少しずつ異なるものにならざるを得ません。そのため、ゼネコンは工事案件ごとに少しずつ異なる入札書類の作成能力に習熟し、入札回数を増やすこと、並びに習熟する仕様書の種類を増やすことによって、対応可能な工事案件幅を広げられるように対応してきました。

　そして結果として、このゼネコンの対応は発注者の提案評価能力を低下させてきた一要因になってきたと考えられます。つまり、ゼネコン各社は自然な事業活動を通じて入札準備で必要な仕様に対して習熟していくため、ゼネコン各社の提案内容は一定水準が担保され、良い意味での横並び品質の提案となってきます。そのため、発注者は「提案内容は問題ないだ

ろうという暗黙の信頼」に基づき、価格面を中心に精査をしがち（＝価格以外の側面への提案評価能力の低下）になってしまいました。もちろん、すべての発注者がそのようになってしまったわけではありません。また、国交省は価格側面以外の評価指標も示していますが、全体として、その傾向はあるでしょう。

　また、発注者側が価格面を中心に評価しがちになったことと、公共工事の発注の前提となる会計法では低コストな工法の選択にせざるを得ない状況から、ゼネコン各社は価格調整に注力せざるを得ず、付加価値のある技術的なチャレンジを伴う提案をするモチベーションが低くなってしまったのではないでしょうか。結果、一定の積算基準が仕様で定められ、短納期で遅滞なく完了させることが求められる公共工事においては、事業の工夫の余地も少なく、赤字覚悟でのダンピングが横行しがちになります。

▍合理的判断からの転換

　これまでもゼネコン各社と討議を行うと、これら「そもそもの土木の性質に由来する課題」「公共事業の性質に由来する課題」「近年の市場動向に由来する課題」の3つの側面からの課題については（表現方法に差はあるものの）、共通認識として持たれていると理解しています。一方で、それらの課題に対し、今すぐ、あるいは能動的に解決する必要はない、という認識を持たれている方が大宗でもありました。

　これは批判をしているわけではありません。課題解決に能動的に取り組まなくとも、これまでどおり発生する案件に応札していれば、自社ポジションに応じた一定水準の売上や利益は達成可能ではないかと、冷静な頭で見通しを持たれていたからこその、合理的な判断だと認識しています。発注者側が公共性を理由に、競争より分配傾向の発想をしがちなことから、発注者としても、非効率であると認識をしていても、ゼネコン各社に案件分配を行う傾向があるのも事実です。

　しかし、近年の事業環境の変化に鑑みると、そうしたこれまでの"常識"

も変化しつつあります。そして、公共土木市場向け事業におけるバリューアップのポイント（＝ゼネコンの土木事業の価値向上・成長のポイント）が、これまでの「全方位での案件対応が可能なケイパビリティの具備」から変化し、ゼネコン各社は新たな戦略的な方針へ刷新せざるを得ないと考えています。

　特に近年の重要な事業環境変化を挙げると、市場の横ばいトレンドでしょう。どのゼネコンと討議をしていても、常に課題として出てきます。これを重要な変化と位置づけるのは、事業サイズに見合う売上・利益を確保しきれなくなる可能性があるというわかりやすい理由がまず一点。もう一点は、これまで右肩上がりの市場しか経験してこなかった経営層にとって、過去の成功体験が通用しない事業環境において経営しなければならないことが挙げられます。

　現在でも、「（国内経験のみで）海外事情に疎い」や「デジタルをわかってない」といった、どちらかと言うと「How」に近い部分での、経営層に対する現場のお悩みにはよく遭遇します。悩みがまだ「How」に近いものであれば、十全に活用できなくても致命的な問題にまでは至らないことも多いでしょう。しかし、この市場トレンドにおいては、事業としての方向性や生き残りをかけた「Why」や「What」に近い部分での、バリューアップに向けた新たな戦略的な方針への刷新が求められます。そのため、検討そのもののハードルの高さもそうですが、経営層にとっては、意思決定や実行時の統率力を含む非常にチャレンジングかつ不可逆に近い行動が求められるものであり、その結果への責任や重圧は計り知れないものでしょう。

▌市場の捉え方を問い直す

　市場縮小トレンドを前提とした上で方針を検討する場合、「全方位にどの市場にも対応するスタンスから、経済性を見込む市場」、「少ない利益を奪い合うことによる競争激化に勝ち残るために、競合と比較した優位性を

発揮可能な市場」、「発注者による案件効率化や高付加価値化の要求が高まることから複合案件化する市場」を見極めた上で、自社ケイパビリティを条件に、見合う市場での競争に勝つために優先配分していくといった、極めて戦略的な動きが求められます。

　経済性や競争優位性の側面によりフォーカスして市場を見ると、公共土木市場は実に異なる特性（経済政策・コモディティ市場、特定用途・技術市場、等）が集まり形成されている市場と捉えることができます。そのため、これまでと同様に工事案件種類別に市場を見るのではなく、どの特性の市場に軸足を置くか（ポジショニング）により、戦い方や自社の事業収益構造が変わると理解し、自社ならではの市場の見方を確立していくことが重要になります。

　最近のゼネコン各社の中期経営計画や取り組み方針を見ていると、ほぼ共通して打ち出していることがいくつかあります。わかりやすい例で言うと、新規の公共事業におけるデジタル化や自動機器の利活用による生産性向上、盛り上がりつつあるリニューアル市場への注力といった方針は、述べていない企業を探すほうが難しいかもしれません。これは自社ならではの市場の見方ができていないことから、結果として他社とほぼ同様になってしまっているようにも見えます。新しい方向性を打ち出したように見えても、全方位でのケイパビリティの具備という方針を打ち出していた時と、なんら変わりがないようにも見えます。すなわち、他社との競争や、環境変化に勝ち残るという意思が練り込まれた戦略的な方針と呼べる状況とは言い切れないようです。

　概念論のみではイメージが湧きにくいと思いますので、前述の「全方位にどの市場にも対応するスタンスから、経済性を見込む市場」、「少ない利益を奪い合うことによる競争激化に勝ち残るために、競合と比較した優位性を発揮可能な市場」、「発注者による案件効率化や高付加価値化の要求が高まることから複合案件化する市場」の条件を織り込んだ場合の、市場の見方の一例を挙げたいと思います。

　例えば、土木市場は①経済政策・コモディティ市場（道路、造成等）、

②特定用途・技術市場（トンネル、橋梁、ダム等）、③入口・付帯サービス市場（建築等の他事業のフックとなる位置づけ）に分けることができると考えます。

　①経済政策・コモディティ市場と②特定用途・技術市場との違いは、どのゼネコンが役務提供をしても同じ市場（＝"コモディティ市場"）なのか、役務提供するゼネコンの保有する技術やネットワークにより用途／難易度別での対応力に差が出る市場なのかという違いで分けています。つまり、経済政策・コモディティ市場の場合は、前述の歴史的な積み重ねの背景もあり、入札時は「価格、政治（地域）が発注判断の決め手」となり、役務提供時の「低コストオペレーション体制構築」が競争上の重要な要素となります。

　一方の特定用途・技術市場の場合は、入札時は仕様に基づいて工事を本当に完遂できるか否かが重要な論点になることから「実績、技術力が発注判断の決め手」となり、それを支える「特定領域における競争力強化（技術の蓄積）や役務提供時のレジリエンス能力の強化（いかにコスト増を抑えるか）」が競争上の重要な要素となります。

　また、③入口・付帯サービス市場の場合は、それ単体の案件で収益性を確保するよりは、他事業の入口、または一部として、企画・設計、建築、オペレーションマネジメントと一体で収益を成り立たせる事業展開の発想が求められます。そして、実現に向けた投資機会情報の収集を可能とするネットワーク構築や社内での利益配分や評価、公式・非公式の連携・コミュニケーションの仕組み構築が競争上の重要な要素となります。

　このように、競争上で求められる要素を有意な違いが見られるまでに分解・構造化してみることが重要です。この分解・構造化により、自社ならではの市場の見方が確立できると、競合と横並びにならない戦略や施策を立案しやすくなると考えます。

　補足ですが、ゼネコン各社が身を置く事業環境状況や、求められる方針の具体性のレベルによっては、先の分類レベルでは十分でない場合もあります。例えば、経済政策・コモディティ市場は、さらに「大中規模・都市

型」と「小規模・地方」、特定用途・技術市場は、「大中規模・高難易度」と「中小規模・中難易度」といったように、検討の目的を充足する粒度まで市場を分解して定義をしていくことが必要となります。

バリューアップのポイントを押さえた戦略オプション策定

そして、自社ならではの見方によって設定した市場間の比較を行うことで、市場に対する資源配分の濃淡を設定していきます。先ほど一例として分類した市場定義に当てはめて考えると、経済政策・コモディティ市場は、収益性が見込めないために積極的な資源投下に基づく拡大方針は選択せずに、生産性向上に注力した投資による余剰人員を創出。そして、余剰人員を特定用途・技術市場へシフトさせる。また、特定用途・技術市場においても新設工事案件は生産性向上を狙い、リニューアル案件へ人材を集約する、同時にリニューアル案件獲得に向けて入札の技術点トップを狙うレベルまで技術水準を高める投資を行う、といったような形で資源配分の検討・設定と戦略目標に係る方針精査をすることになります（図表4-1）。

資源配分と方針立案後に、全方位でのケイパビリティ保有とは異なる、バリューアップのポイント（＝ゼネコンの土木事業の価値向上・成長のポイント）を押さえた具体的な戦略オプションへ落とし込んでいくことになります。

ここでも先ほど一例として分類した市場定義に当てはめて考えてみましょう。資源配分として注力する②特定用途・技術市場においては、あえて大枠で括ってみると、2つのバリューアップのポイントが存在し得るのではないでしょうか。

1つ目のポイントは、収益性向上に資する競争優位の機能を具備することです。言い換えると「発注者への提案・交渉が可能となる水準まで特定用途に対する知見、または技術力を獲得し、価格競争から抜け出す」ことを指します。

2つ目のポイントは、事業機会拡大に資する競争優位の機能を具備する

図表4-1　自社ならではの市場の見方（例）

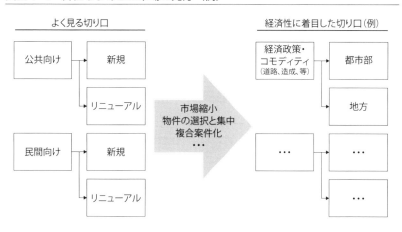

ことです。こちらも言い換えると、「工事のみならず、その後工程における維持管理・サービス提供までの事業展開に取り組む」ことを指します。土木業界を俯瞰すると、老朽化する土木インフラは今後急速に増加することが予測され、リニューアル投資の増大が不可避な状況になります。

　例えば、建設後50年以上の橋梁の割合は2023年の39%から、2033年には63%になると言われています。また、今後も大規模災害の発生が相次ぐと想定されることから、公共土木の重要性がいっそう高まることは間違いないものの、公共予算には限りがあります。そのため、コンセッション方式等による土木施設への民間資金・知見の活用も盛んになると想定され、単に工事を請け負う以上の機能を発揮できる（求められる）時代になってきたと捉える必要があります。

　これらのバリューアップのポイントを踏まえて、検討してみましょう。1つ目のポイントに沿って考えると、高速道路のリニューアルを狙うのであれば、リニューアル案件規模の大ロット化が進むというトレンドを念頭に置いた技術開発や、PCa機能の具備といった具体的な取り組みに落とし込んでいくことができます。

以上のように、本節では土木市場における特に公共土木に関する課題から振り返り、自社ならではの市場の見方、考え方、設定した市場に対してのバリューアップポイントを押さえた戦略オプションの考え方を概観し、イメージを共有してきました。繰り返しになりますが、市場縮小トレンドが背景にある中、これまでと同様の事業運営をしていては、じり貧の状況に陥る可能性があります。生き残り、そして勝ち残る上では過去の延長や横並び、受身の発想ではなく、自社ならではの戦略オプションを能動的に立案することを通じた取り組みがいっそう期待されます。

4.3　建築の戦略オプション

　建築は、それを利用する者の生活や活動のための空間や場を作るものであり、求められる機能が多岐にわたる上、明確でない場合も多いことから、「建築」という言葉はあってもその中身を一括りに語ることはできません。さらに、近年では「withコロナ」の影響により、従来の建物の役割・機能にも変化が見られます。リモートワークの進展によるオフィスの位置づけの変化、デリバリーニーズの増加による店舗の「ダーク化／ゴースト化」、OtoO（Online to Offline）による実店舗のショールーム化など、挙げ始めたらきりがありません。それらの活動を土台で支える建物、それを生み出す建築の役割もいっそう多岐にわたっていくことでしょう。

　そうした中で、建築事業の成長戦略を考えることには非常に大きな困難が伴うため、各社とも苦労されていることと思います。このような場合は基本に立ち返って、「市場から求められるものは何か？」という視点と、「自社の強みがそこで活きるか？」の2点からアプローチしてみるのも一案でしょう。

　前者の市場ニーズは経営層からも現場の方々からも聞くことが多く、各社ある程度はイメージをお持ちであると考えています。一方、自社の強み

に話が及ぶと「いやいや、うちにはこれといったものはないですよ」というように、歯切れが悪くなります。自社の強みを明確に把握できていないことが、独自性のある戦略を打ち出すことの難しさの一因になっていると考えます。

そこで、戦略オプションの議論の前提として、日本の建築産業の強みの中から特に顕著なものを確認しておきたいと思います。わが国のものづくりの伝統や職人・技術者の水準やモラルの高さが強みの要因であることは、論をまたないと思います。ただし、それだけではわが国の建築産業の本当の強さを語ることはできません。

最大の制約──建築が内在する不確実性

今日の日本の建築産業を語る上で、戦後復興から高度経済成長期を経てバブル期に至るまで、非常に長い成長が続いてきた点を見逃すことはできません。市場が急成長する中で生じるリスクは工事発注者や建物所有者が負うのが通常（いわゆる「売り手市場」）であるところ、工事受注者（売り手）がそのリスクを引き受ける形で発注者側との長期的な関係構築を優先してきたというのは、第3章でも論じたとおり建築業界の特徴の1つと言えます。

前述のとおり建築は不確実性の高いサービス提供であることから、一度構築した関係を継続するほうがより有利になります。関係の維持・継続は発注者のみならず受注者にとっても有利に働き、ゼネコンはその恩恵を得るため、関係維持・継続のためのスキル・ノウハウを自社に蓄積してきたと言えます。経済成長期にあっては、設計・建設に長い時間を要する建物をいかに早く市場に投入できるかが発注者の企業経営にとって重要であり、多少の経済的恩恵を受注者側に寄せても余りある経済環境にあったことも、それを助長したと言えます。

こうして受注者側、特にゼネコンが得た経済的利益を、人的投資や研究開発に回し、ゼネコンの成長と一体になってわが国の建築技術や産業の発

展が進められてきたと言えるのではないでしょうか。受注者側は発注者との長期的関係に基づき、発注者の要望に徹底的に沿う形で技術・プロセスを作り込み、建築物の水準も向上してきました。こうした、品質「作り込み」の水準の高さが、長期的な取引関係から元請け・下請けに至るまでのサプライチェーン全体の能力向上を実現してきたという点では、自動車産業をはじめとするわが国の製造業とよく似た勝ちパターンが発揮されてきたということができるでしょう（一方で、こうした取引関係が硬直的な業界構造を作ったり、発注者側の能力向上を妨げたりして、市場を非効率にしてきたという指摘にも留意する必要があります）。

┃ もう1つの制約──わが国の厳しい国土条件

　長期的な経済成長の中で、極めて強い供給サイドの制約をクリアすることを可能にした、発注者・受注者の長期的・密接な取引関係ですが、この「制約」の観点から見た時にもう1つ浮かび上がってくるのは、わが国の国土条件[20]と考えます。わずかな平野部を除いて急峻な山地が海岸線近くまで迫る地形は、日本の土木技術の発展を後押ししてきました。また、地震災害の多さ、風水害の多さも建築技術の底上げに一役買っていることは言うまでもありません。

　よく指摘されることとして、1981年に施行された建築基準法改正によるいわゆる「新耐震基準」によってその後続く大規模災害による家屋・建築物の被害を一定程度抑制できたとの話があります。その後も耐震基準の見直し、技術の進歩は続いており、今後も発生するであろう地震災害に対する備えが脈々となされています。

　産業全体で見た時の強みに加えて、各社がそれぞれ自社固有の強みを考える際も、このようにわが国固有の「制約」をどう乗り越えてきたのかという観点から掘り下げるのが近道になるはずです。

20　わが国固有の国土条件については、第3章（p.145）にて言及。

市場ニーズと自社の強みの交点に戦力を投入する

　こうした各社固有の武器を前提に、市場が求めるものにどう対処できるか、そこにどれだけの戦力を投入して勝ち残るかを考えていくことが成長戦略の出発点になります。既存事業の中での成長機会の発掘、新規領域の開拓、それらを支える既存事業の効率化など考えるべきことは多岐にわたります。現在の市場環境のみならず、今後のマクロ環境の変化も見据えつつ、新しい領域の開拓は次節で検討するとして、本節では既存の事業領域を起点にどこに成長機会を見出すかについて、以下の3つのアプローチを考えてみます。

　①既存領域の深化

　②既存領域からの拡張

　③既存領域の進化

①既存領域の「深化」

　建築物にステークホルダーが求める機能は、刻々と変化しています。雨風をしのぎ、さまざまな活動・生活を収容することから、近年では生産性の向上、さらにはイノベーションの創出までが建築物の機能として言及されるようになってきているのではないでしょうか。また、こうした「成長」に関する機能のみならず、SDGsの観点や、特に最近関心が高まっている省エネ・カーボンニュートラル[21]といったサステナビリティの視点も建築物の機能を考える際に欠かせなくなっています。

　例えば、木材利用促進法の改正等により、木造の高層建築プロジェクトが増えてきています。また、ビルや住宅でゼロエネルギー建築物（ネット・ゼロ・エネルギー・ビル＝ZEB、ネット・ゼロ・エネルギー・ハウス＝ZEH）に加えて、工場についても類似の考え方を導入する試みが始まっ

21　カーボンニュートラルは、サステナビリティの視点を越えて成長の源泉という考え方が急速に広まりつつあり、今後注視が必要と思われる。

ています。

　さらに、感染症対策のために、リスクを検出し対策を行う公衆衛生に関する機能を建築物に担わせる動きも現れつつあります。例えば、湿度が下がったエリアではウイルスの感染危険度が高いことから、建物内のエリア別の湿度をセンサーで測定し、最適な空気環境に制御するサービスも登場しています。

　このように、元来多様な役割を負わせやすかった建築物に、時代の要請や社会背景から、さらに新たな役割を担わせる動きは今後も続いていくでしょう。建築物の役割が拡張していく中でそれに着実に応えていくことが、建築の新たな事業機会の開拓につながることは間違いないと考えます。

②既存領域からの「拡張」

　①では従来型の建築のあり方を前提に、生産する建築物の機能を広げていく考え方を提示しました。ここでは従来の建築生産のバリューチェーン上での既存のポジションからの拡張について論じてみたいと思います。

　先に述べたとおり、建築産業の1つの特長を、「顧客特性の深い理解と対応」とするなら、顧客業界の業務オペレーションや経営課題に対する理解を深め、バリューチェーン上で施工と近接した業務も含めて請け負うことに事業拡大の可能性を見出すのは基本的なアプローチです。特に施設の形状が事業に大きな影響を与えるものとしては、物流等のオペレーション産業が挙げられるでしょう（物流施設における事業戦略については、ゼネコンに対する処方箋を論じた第5章で詳述します）。

　また、建築物が生む付加価値が事業の採算を左右するような領域として、オフィスビルにおける従業員の集中力向上やコミュニケーションを活性化させる室内環境づくりや、医療施設や介護施設等における感染症対策を含む安全・安心な空気環境づくりは、建築事業からの拡張に馴染みやすいのではないでしょうか。強みを活かしやすい隣接領域を狙う考え方は、戦略オプションの議論では外せない観点です。

③既存領域の「進化」

　既存の建築のバリューチェーンを前提に、既存のポジションでの成長機会を見出すこと、あるいは隣接領域で機会を見出すことについては述べてきました。ここでは少し考え方を変え、建築の新たな方法、特にバリューチェーンの組み換えによって、これまで提供してきた価値をより強める動きについて考察してみたいと思います。

　1つの例は、本書において再三指摘している標準化でしょう。土地の状況に合わせて設計・施工を通じてすり合わせを行っていくのではなく、共通項を切り出して部材やプロセスを標準化し、後工程の負荷を軽減します。その結果、工期が早まったりコストの抑制につながったり、品質の向上につなげることが可能になります。

　また、前項の「既存領域からの拡張」では、建築のバリューチェーン上の既存領域から広げる形で新たな収益源を求める方向性について述べましたが、収益源化にまで至らなくても、既存事業の付加機能として既存ビジネスの差別化・競争力強化につなげるビジネスモデルは現実的かつ戦略的なものと言えるでしょう。

　バリューチェーンの進出先がまったく新しいサービスやビジネスモデルである場合、特にBtoB事業では買い手側においてそのサービスに対する支出の承認を組織内で得るために相当な説明が必要になります。現実的には明確に「カネを出して買うほどの付加価値がある」という共通認識ができなければ、売り手であるゼネコンだけでなく買い手である発注者にも相当な苦労が強いられるはずです。

　一方で、すでに存在する市場に後発として参入して収益を得ようとする場合は、経験値のギャップを埋めるためにブランドやコスト競争力で勝負をするか、相当な投資を覚悟するか、テクノロジーなどのブレークスルーが求められることになります。こうしたナローパスを通さなければならないことを考えると、ブランド認知や実績が活かしやすい既存事業を収益回収源にして進出先市場では既存事業の競争力を上げる方向性も一考の価値があります。

また、付加価値を一本足ではなくさまざまなところに埋め込む方法がとれれば、顧客との結びつきを強くし、収益源の安定性を強めることも可能です。さらに、この付加価値提供を自社だけで行うのではなく、パートナー企業も巻き込んだ形で行うことで、その威力はいっそう強いものになります。その全体像を描き、パートナーとの関係を設計するポジションを取ることが、大きな事業機会のきっかけになると考えます。

4.4　新規事業開発の戦略オプション

　既存市場が扱う近接領域での戦略オプションの可能性を論じてきました。一方で、産業間のコンバージェンスが進展し、産業定義・境界が刻々と変化する事業環境においては、新たな開拓領域としてこれまで大きく注目をすることがなかった領域にまで目を向けることが求められるようになります。

　建設業界から見れば、建設事業を当然の市場として捉えますが、他産業の企業から見ると「建設」はひとつの機能と捉えることもできます。どの事業も関わり方には軽重があるものの、なんらかの形で建設産業の機能（執務室の空間、移動するための道路、等）を利用しています。この観点で捉え直すと、必ずしも大きく注目することのなかった領域であっても、思いもよらなかった新規事業開発の機会は存在するのではないでしょうか。

　今回、大きく注目することのなかった領域の探索や、新たな領域の発見に向けた切り口として、他業界においても事業開発上でよく話題に上る大きなトレンドをいくつか挙げておきたいと思います。

「プロシューマー」の存在感向上

　「プロシューマー」は2000年代における放送と通信の融合が盛り上がっ

た時代からすでに単語としては存在していました。近年は、消費者かつ生産者であるプロシューマーの存在を支える、3Dプリンターといった技術革新も進み、何かを生産する手段の民主化はますます進展しています。そして、このことは需要と供給との間で明確に線引きされた世界から、生産者と消費者の垣根の低くなった世界に移行しつつあると言えるでしょう。日本でも発注者の生産プロセスへの参加、建築後の可変性などの形で、建設業界にもそのトレンドが波及してきていると見ることができます。

　また、消費者が生産者になるという方向だけでなく、生産者が「プロの消費者」「プロの利用者」になるという方向もこの流れの中で位置づけることができるのではないでしょうか。物流倉庫領域ですでに始まっていますが、空港・港湾・店舗など、オペレーショナル・エクセレンスが求められる領域で、生産者として培ったスキル・ノウハウを発揮できる可能性があると考えます。

多品種少量のハードル低下

　生産手段の民主化は大量生産時代には対応しきれなかったニーズへの対応も可能にしていると言えるでしょう。古着や中古品といった物品のやり取りにとどまらず、先ほどの3Dプリンターにおいても個人でのサービスビューローの実施というように、CtoC（Consumer to Consumer）市場は成長著しい状況です。

　元来、日本の建築産業は、特に住宅産業をはじめとして「施主要望を反映したカスタマイズによる特殊性の追求」に能力を発揮してきた面があります。また、業界全体を見ても施主との長期的関係を築き要望に応えてきたと言えるでしょう。その点では業界としてもともと得意な領域であると言えそうですが、そのきめ細かさが進展すれば、「建物単位」「施主単位」ではなく「利用者単位」になったり、あるいは時間ごとに役割を変化させたりすることも可能性として考えられます。

所有からシェアへ

　モノと人が所有権という形で結びついていた関係が離れた結果、きめ細かいニーズへの対応が時間ごとの関係に姿を変え、それを可能にする「シェアリング」がビジネスとしてさまざまな形で支持されていることは周知の事実でしょう。

　時間ごとのモノと人の関係をマッチングするIoT技術の進展や、万人がスマホというデバイスを手にするなどの変化が後押ししていると言えますが、この大きな潮流が建設業界にも及ぶ可能性があります。生産手段、生産物（建物・構造物）が時間ごとにシェアされ、それをきめ細かくマッチング・最適化する動きが今後顕在化することが可能性として考えられます。

労働からの解放

　人手不足の解消は、施工の自動化など近年さまざまなテクノロジーで対応が進みつつある領域と言えるでしょう。技能労働者が大量に引退する中でその経験やノウハウの承継が喫緊の課題となっています。

　これまで現場での対応は当人限りのものとして、必ずしもマニュアルのような形式知に落とし込まれてはおらず、それが組織内で共有された組織知にまでなってはいない状況であり、経験を積んだ世代が個人技で対応する領域がまだ残っているのではないでしょうか。特にこうした世代は建設投資が大きく増えた時代に経験を積んだので、こうした経験を再度業界として蓄積することを期待するのは現実的とは言えません（そのせいか、この世代の経験者をOB採用している話をよく聞きますが、この観点からは理にかなったやり方だと言えます）。

　こうした世代が現役であれOBであれ業界に関わるうちに承継するには残された時間はわずかです。「複雑・高度な業務も含めてAIで」という考え方も検討されていますが、オペレーショナル・エクセレンスを実現して

きた日常業務の簡素化・自動化といった取り組みも現実的かつ業界にとって重要だと考えます。言い換えると、このような領域を機能として切り出してサービス提供することに事業機会を見出すことも1つの方向性であると考えます。

コラム

「製造業を知る」①建設業界人の製造業のイメージ

ゼネコンの経営・業務改革に向けて、製造業における知見、経験が参考になると思われます。しかし、建設業界には、「他業界のことは参考にならない」と考える方が多いようです。このことにより参考にできる情報を見落とす機会ロスが発生しているようにも感じます。ここでは、よくある思い込みの例を挙げたいと思います。

最初は、製造業＝量産品の思い込みです。

建設業は一品一様で、製造業は量産品と区別される方は多いです。これはトヨタやソニーのように一部の有名な製造業のみでイメージ形成された製造業を語られることが原因ではないかと考えます。主にBtoBの企業に多くなりますが、産業機械、特殊部品、特殊素材などの製造業にも一品一様の企業が存在します。

次に、製造業＝自主企画型の思い込みです。

建設業は施主からの請負だが、製造業は自分で商品企画をするから無理な仕様を押し付けられることもない、と語る方は多いです。わかりやすい例として、自動車部品メーカーを挙げますが、部品メーカーは完成車メーカーから提示された要求仕様に沿った製品の製造販売を行います。

製造業＝製造を手がける、の思い込みも多いです。

ゼネコンはマネジメントが主で、作業をするのは協力会社となることから、「自らものを製造する製造業とは違う」とよく言われます。しかし、製造業の世界にはOEMという他社ブランドの製品を製造す

る企業があり、OEMを使うことで自社では工場を持たない企業もあります。

　最後に、製造業＝おばちゃん、建設業＝おっさん、というのもあります。

　これは最前線の現場を守られる方たちへの敬意を表したものと思います。食品工場などは現場何十年のおばちゃん（おばあちゃん）が現場を仕切っていたりします。一方、建設現場は経験の豊富なおっさん（おじいさん）が尊敬を集めていたりします。

　このように製造業は、一般的なイメージとは違った側面を持っています。建設業界と異なるので参考にならないと考えるのではなく、参考になる特性の企業に目を向けてみてはいかがでしょうか。

第 5 章

ゼネコンに対する処方箋

企業価値向上に向けた"処方箋"を出す際、具体論のみを取り上げると大きな方向性を踏み外していたり、大きなトランスフォーメーション時に羅針盤を見失ってしまったりする可能性があります。一方、抽象論に閉じると、腹落ち感がなくなるといった問題が発生します。こうして常に発生する、具体論と抽象論のジレンマに悩みつつも、本章ではゼネコンを中心とした建設・建材・インフラ関連の企業から相談の多いテーマを中心に取り上げました。

　前章までの内容を前提の世界観としておき、特定領域における戦略立案の切り口や観点、特定機能に関するオペレーション設計のアプローチやポイントを具体論としてまとめています。このことにより、目の前の実務課題を考える参考になればと考えています。

　取り上げたのは、市場動向を踏まえた事業戦略の考え方としての「物流施設における事業戦略」、企業価値向上につなげる機能・業務・プロセスの革新に係る考え方としての「フロントローディング」「標準化」「施工計画書作成の刷新」。そして、将来の基盤構築につながるスタディとしての「技術の棚卸」「品質問題対応」です。どのテーマも以前から重要と言われていましたが、現業優先により後回しになりがちなテーマと考えています。これがきっかけとなり具体的な一歩を踏み出す一助になればと考えます。

5.1　物流施設における事業戦略

　2000年代初頭から急速に市場が拡大した建設セグメントに、物流施設があります。首都圏において新規供給された物流施設の面積は、多い時は年間60万坪、少ない時でも年間20万坪程度がコンスタントに建設され、物流市場に大量供給されています。施設全体の空室率は年によって増減はあるものの、基本的には10%以下、特に2019年以降は1%台から3%という低水準で推移しています。

　長期的には市場規模自体の縮小が予測されている国内建設市場において、数少ない成長分野であるこの物流施設セグメントに対し、ゼネコン各社がどのような事業機会を追求し、どの領域に経営資源を投入するかは、戦略的に重要な課題と言えます。

物流施設における建設需要拡大の背景

　単純に考えると、少子高齢化による消費の頭打ちや生産拠点の海外移転、また高度なサプライチェーン管理による在庫削減が進んだ現在の市場環境においてもなお、新たな物流施設が大量に必要となる理由は不可解でもあります。実際、物流市場規模と相関性が強いと言われている、自動車貨物輸送量を見ると、1990年代の年間60億トン前後をピークに、2012年以降は43億トン前後で推移しており、モノの保管・輸配送といった物流量全体はそれほど拡大していないことが推定されます。

　にもかかわらず、これほど大量の物流施設が首都圏・関西圏・中京圏で継続的に建設され、さらに地方都市にまで同様の動きが予想されるのは、物流市場における次のような本質的な構造変化が進んでいることに起因しています。

①3PL市場の拡大

　製造業・卸売業・小売業にとって物流業務は企業活動の要となります。従来は多くの企業が個別に必要な物流リソース、つまり輸配送に必要なトラックなどの交通手段、荷物を保管して出荷する倉庫、それらを使用するのに必要な人的資源やソフトウェアを所有していました。特に大手企業においては、自社で保有する倉庫や物流子会社で業務を遂行することが一般的でした。1990年頃になると3PL（サードパーティ・ロジスティクス）という、そうした物流業務や必要な倉庫・設備・人的資源をまとめて外部に委託してしまおうというビジネスモデルが欧米で広がりを見せ始めました。日本においては1990年代後半に吹き荒れた事業再構築の機運と合わせ、物流業務の外部委託、物流子会社や自社保有施設の売却が進みました。

　物流業務の外部委託が一般的になることで、その受託者である3PL企業や総合物流企業にとっては、委託者（荷主ともいいます）との契約期間中だけ使用でき、契約が終了すれば使用を中止できる「新しいタイプの倉庫」が、事業リスクをコントロールする上で不可欠となりました。

　もちろん、欧米と比べて一般的に利用可能な土地が少ない日本においては、物流企業が利便性の高い立地に倉庫を所有しているからこそ、営業上有利になる側面はあります。しかし、高額な土地や建物を自ら固定資産として所有することは、M＆Aや海外市場進出といった、物流企業にとって戦略性の高い成長分野の投資に備えていつでも使用できる手元資金が薄くなってしまうことも意味します。そのため、日本においても3PLは進展していきました。

②流通プラットフォーマーやEC事業者による流通革命

　1990年代中盤から世界的に普及が始まったインターネットは、人々の生活やコミュニケーション、また産業構造に大きな変革をもたらしました。特に影響が顕著だったのは小売流通業です。従来、カタログ通販やTVショッピングなど、リアル店舗以外のメディアを活用した無店舗型の小売

業態は存在していましたが、インターネットという新たな販売チャネルの出現は、不動産と物流の面から見ても非常に大きなインパクトを与えました。

　不動産という空間利用の視点では、これまでの商業施設や店舗から、一般には物流施設と呼ばれている"消費者は入れない巨大店舗スペース"に面積需要がシフトすることを意味します。

　また物流の視点では、これまでは消費者が大量輸送手段（電車やバス）で店舗に商品を取りに来てくれ、店舗側は物流センターから各店舗へまとまった単位で配送すればよいという、社会全体から見ればエコな物流手段でした。それが注文された商品を個別梱包し個人宅へトラックで短時間のうちに配送するという複雑な物流手段へと変わりました。

　さらにEC事業の成長は、流通プラットフォーマーと呼ばれる、特定の商品・サービスのカテゴリーにおいて、多数のサプライヤー（売り手）と買い手をデジタル空間で結びつけ、決済機能・物流機能・データ機能（顧客情報や購買履歴）を提供する、新しいビジネスモデルを生み出しました。書籍や家電ではAmazon、事務用品ではASKUL、衣料品ではZOZO、音楽配信ではApple、映像配信ではNetflixなどがこの流通プラットフォーマーの典型例です。

　そして、利用者が増えれば増えるほど、顧客にとっては得られる便益やコスト優位性が増大するため、特定のプラットフォーマーが独占的に市場を支配することになりやすい、いわゆるネットワーク効果と呼ばれる特徴があります。従来型小売業に対してその販売シェアは拡大が継続しており、まだEC化率が低い、食品・医薬品・化粧品などへ適用範囲がさらに拡大することを考えると、彼らにとって最重要な投資先である物流施設の構築需要は今後とも拡大するものと予想されます。

③労働集約的オペレーションと物流自動化技術の発展

　旧来の倉庫の役割が、生産と消費の間のリードタイムを埋めるために不可欠であった「荷物の保管」や「在庫」にあったとしたら、現代の物流施

設に求められる役割は、少量・多品種の商品を多頻度・迅速に出荷するための「プロセス処理」と言えます。そして、そのプロセスを支える最大のリソースは依然として人手に頼っていることから、イノベーションの主役は近年急速に進む物流の省人化・自動化の技術に移っています。

物流の自動化技術やその機械設備はマテリアルハンドリング（通称「マテハン」）と呼ばれ、現在急速に技術革新や製品開発が進んでいる分野ですが、そのルーツは主にヨーロッパと日本の製造業の現場で培われたオートメーション技術を小売流通業に応用したものにあります。ドイツ・フランス・オランダ、そして日本における実績のある大手マテハン企業に加え、近年ではロボティクス技術やAI技術に長けたベンチャー企業も台頭してきています。

これら最新のマテハン機械設備を導入するためには、床の耐荷重・天井高・フロア面積・電気通信設備などの基本仕様において、高い性能と変更柔軟性を持った建物施設が必要となりますが、これまで蓄積された倉庫ストックでは対応可能な施設は十分とは言えない状況です。

また、物流自動化技術の革新が進む一方で、現実の物流現場でますます複雑化する業務オペレーションに対応するためには、労働集約的な細かい作業を行う多くの人手を必要としています。正規／非正規を問わず、スタッフの公共交通機関による良好な通勤環境や、物流施設内の清潔で快適な職場空間づくりは、人手不足の時代において物流施設に求められる立地やアメニティ機能に変化をもたらしています。

④上記ニーズに対応できる先進物流施設の不足

国土交通省が集計している建築着工統計から推定すると、現在国内では約5億㎡もの倉庫ストック面積があります。人口や国土面積が異なる米国の約9億㎡というストック面積と比較すると、一見十分な倉庫面積がすでに存在しているようにも感じます。

しかしながら、日本国内の倉庫ストックの特徴は、荷主企業が自社利用だけを目的に保有している「自家倉庫」が全体の90％を占めており、必要

な期間だけ借りられる賃貸倉庫あるいは外部委託できる営業倉庫の面積は わずか10％に過ぎません。しかもその10％のうち約半分は延床面積1万㎡ 以下で規模が小さく、また高度成長期に建設され老朽化が進んだ物流施設 が大部分を占めています。

　このような状況が長く続いた背景には、米国と違い利用可能な国土が小 さい日本においては施設の建て替えに必要な大規模な物流用地の獲得が難 しいこと、そして事業費の多くを占める土地価格が非常に高額であること などが考えられます。また高い耐震性能が要求され多層階の建物デザイン により建築単価が高くならざるを得ない日本においては、物流企業や倉庫 会社の資金調達力だけでは事業推進能力に限界があったと考えられます。

　そして、そのようなスペース市場と資金市場でミスマッチが生じている 状況に気づき、大きな事業機会として市場参入を果たしたのが、米国で物 流施設の投資開発を手掛けるパイオニア企業として知られるプロロジス社 や、ラサール　インベストメント　マネージメント社といった外資系の大手 不動産会社でした。

　彼らは生命保険会社や年金基金などから調達した数千億円という大規模 な資金を活用し、従来は物流会社や倉庫会社が個別に設備投資として建設 してきた物流施設を、機関投資家や個人投資家にとって投資対象となる不 動産として商品化しました。つまりは物流不動産を、恒久的にテナント企 業たりうる代替性も、市場で売買が可能な流動性もあり、また比較的安定 した利回りも期待できる金融資産として仕立てることに成功したのです。

　当初は外国資本が中心となって開拓された物流不動産市場ですが、その 後、商社・日系不動産会社・国内金融会社など多くのプレーヤーが参入 し、開発事業や資産運用事業を推進しています。現在では、用地獲得やテ ナント誘致面ではかなり競争が激しくなってきてはいますが、前述のよう な新しいニーズに応えられる物流施設は不足しているのが現状であり、そ のニーズが満たされるようになるまで、市場の懐はまだ十分に深いと言え ます。

新しいタイプの物流施設の特徴

　これまで述べてきたような「新しいタイプの物流施設」は、「従来型の倉庫」と比較して、その立地や規模、建物や設備といった物理的な特性だけではなく、さまざまな面で違いがあります。ただし、平屋を広大な敷地に建設する海外と比較して、狭い土地を利活用した縦搬送のオペレーションを前提とした設計といった、土地に根差した特徴は変わらないと考えます（図表5-1）。

　まず、物理的な特性においては、特定企業の利用目的や効率だけを追求するのではなく、不特定多数の企業が入居を希望するような、長期にわたり物流施設としての利用価値を失わない「汎用性」が求められます。また施設タイプによっては、複数の企業が同時に入居して専有部と共用部に区分されたスペースとして利用する「マルチテナント型物流施設」というものもあり、施設オーナーにとっては、賃貸オフィスビルと同様にテナント入れ替え時の売上変動を少なくし収益を安定させる効果があります。

　次に経済的な特性においては、土地建物の所有者、そして施設を利用するための契約形態が大きく異なります。従来型倉庫を開発所有するのは一般的には倉庫会社や物流会社です。中には、倉庫会社や物流会社が地元企業やリース会社に建設を依頼して長期賃借するケースもありますが、これは建設費相当額を借り入れして自社で建設することと本質的には同じになる建物リース取引と同等と言えます。

　最も大きな違いは施設を利用するための契約形態にあります。従来型倉庫は倉庫寄託契約または業務委託契約といった役務の提供を荷主企業と物流企業の間で締結するものです。一方の新しいタイプの物流施設では不動産賃貸借契約（主流は契約期間中の中途解約ができない定期借家契約）という、荷物の保管責任は伴わない空間スペースの提供と占有についてのみ、施設オーナーと施設利用者の間で合意する契約となります。

　ここでいう施設利用者の多くは3PL企業や倉庫会社となりますが、大手荷主企業においては直接物流施設を契約し、物流業務については自社で運

図表5-1　従来型倉庫と新しいタイプの物流施設の違い

	従来型倉庫	新しいタイプの物流施設
土地建物の開発所有者	倉庫業を営む倉庫会社または物流会社	不動産会社または投資会社（倉庫業は営まず、不動産賃貸業のみ）
顧客（荷主）のニーズ	商品を適切に保管しておいてほしい	必要な量を必要なタイミングで必要な頻度と荷姿で、かつ高い業務効率・低コストで出荷してほしい
重視する物流機能	保管機能	機械化・自動化された荷役、流通加工、情報処理
契約当事者	荷主企業	・業務受託した倉庫会社／物流会社が基本 ・荷主が直接契約するケースも増加中
契約形態（所有者と契約当事者間）	・単純なスペースの賃貸借はせず、倉庫寄託契約または業務委託契約（倉庫業として保管責任あり） ・報酬対価は入出庫回数や物量・保管量で従量課金計算する	・相場の不動産賃料による不動産賃貸借契約（賃貸業の責任のみで商品の保管責任はなし） ・荷主が直接契約する場合、物流業務は施設とは分離調達 ・倉庫会社／物流会社にとっては、従来は自社所有施設から生み出されていた付加価値・利益相当が不動産・金融業界に移転することを意味する
敷地・建物・設備の違い	・比較的小規模な敷地（10,000㎡以下） ・平屋あるいは2階建てのシンプルな構造 ・トラック着車・区画割り・セキュリティ・電気設備の面で複数のテナントが入居することは想定されていないことが多い	・大規模な敷地（10,000㎡以上）に多層階建物 ・各フロアへ直接トラックアプローチ ・複数企業を同居可能とするセキュリティ・設備計画 ・従業員を集めやすいアメニティ施設と共用部

営するか物流会社に外部委託するケースも増えてきています。新しいタイプの物流施設を物流バリューチェーン全体の視点から俯瞰すると、従来は倉庫会社や物流会社の自社施設から生み出されていた付加価値の一部が、不動産業界や金融業界に移転していることを意味しています。

ゼネコンにとっての事業機会

2000年代中盤から物流施設の事業企画と建築企画、また実行マネジメントに携わってきた筆者の経験からすると、ゼネコンがすでに所有している

経営資源を活用あるいは転用し、また足りないところは有力な外部企業と提携することで、物流施設の開発・所有運営という成長セグメントにおいて建築設計や施工の受注はもとより、新たな事業機会を取り込めるポテンシャルを感じます。

①案件組成の機会

ここでいう案件組成とは、土地の売却ニーズと物流施設の利用ニーズのマッチングのことを指します。それぞれのニーズ単体では単なる情報と仲介機会でしかありませんが、これらがフィットした際には貴重な事業機会となります。その事業機会をマネタイズする手段として、不動産仲介や工事受注、設計・エンジニアリング・専門コンサルティング業務の受注、また開発事業への投資や融資、安定稼働後の資産運用などに役割と収益機会が分割されていることを考えると、起点となる案件組成を自ら手掛けることの重要性は高いと言えます。

一般的な物流不動産会社以上に全国に営業拠点と人的ネットワークを保有しているゼネコンは、物流適地となる開発用地の情報や、物流業界のスペースニーズの動向把握を組織的に行うことで、その後さまざまな分野に派生する可能性がある貴重な営業機会を得ることが可能になると考えられます。

②工事受注の競争力向上に貢献する技術開発の機会

大型物流施設の開発が始まった2000年代中盤当時、建築設計と請負工事の担い手はスーパーゼネコンと言われる、それまで大手企業の生産工場や物流施設などの設計と工事に多くのノウハウを所有している総合建設会社でした。その後、物流不動産市場の拡大、建設資材や人件費の高騰とともに、発注者がより廉価な工事費を求めたことにより、大手や準大手の建設会社に受注機会が拡大しました。

物流施設の場合、現在の発注者の主役は一般事業会社ではなく、不動産デベロッパーや金融投資会社です。彼らの中には、単に建設コストという

開発事業の原価率だけではなく、時間の概念でも収益性が左右されるプレーヤーが少なからずいます。極端な例を挙げれば、100億円の投資をしてから3年後に収益が上がり始める事業よりも、105億円の投資をして2.5年後に同じ収益が上がる事業のほうがより合理的な選択であると考えるということです。

　建設資材や人件費の高止まりが続き、工事コストで他社との差別化が難しくなっている現在の市況では、短工期の提案の重要性が増しています。そのためには設計技術と施工技術の両面で短工期化への努力が不可欠となります。設計自動化やBIMの推進による設計業務の生産性向上だけではなく、クライアントとの設計内容の確認と承認のプロセスを効率化させ、それと同時に設計手戻りを最小にする手法が望まれます。また、施工技術においては、現場での工程や工数を最小限にできる工法の開発、そして施工計画や仮設計画のシミュレーション技術、下請企業との効率的なコミュニケーション技術がポイントとなります。

③物流エンジニアリングと建設エンジニアリングの融合

　長年感じている課題の1つとして、物流のオペレーションエンジニアと建設エンジニアとの分断があります。物流施設の設計とは、その施設の中で行われるモノの流れ、つまり入荷・検品・保管・ピッキング・梱包・仕分けといったプロセスの効率と生産性を極限まで高めるためのレイアウトを立案し、適用する機械設備の選定と能力設計、そして人手で行うべきプロセスの選定と業務設計を行い、またそれらを最も高い空間効率と移動効率で実現できる建物を計画することに本質があります。

　しかしながら、それを実現するために不可欠なプロセスエンジニア、機械エンジニア、建設エンジニアは通常は異なる組織に属していて、お互いの利害が異なるため、顧客課題に対して一気通貫で専門的な分析を行い、ソリューション提示をするサービスはまだまだ実現できていないのが現状です。

　特に物流プロセスの設計は、マテハン機械設備会社のセールスエンジニ

アが担うことが多いのですが、基本的に彼らの役割は自社製品導入のためのエンジニアリングサービスが主目的であること、また一方で技術革新や新製品開発が活発な分野であるため、どの大手マテハン企業であっても自社製品だけですべてをカバーすることはできないことから、業務プロセス・マテハン機械設備・建物施設と多岐にわたる分野を統合的に計画し調達マネジメントを実施する、発注者側の負担が非常に大きいことがわかります。

大きなエンジニアリング部門を保有するゼネコンにとっては、これまで製造業の生産施設のプロセス設計や建物設計でノウハウを蓄積した人材を核として、卓越したエンジニアリング力の確立と、工事受注に向けた競合との差異化が可能になるのではないでしょうか。物流プロセスの最適解を導き出すためのAI技術や機械学習の適用、新しい物流プロセスを顧客にわかりやすい形でレビューするAR技術の適用、そして異なるマテハン機械設備を統合的に管理するためのソフトウェア開発などに取り組むといったことが考えられます。

④環境技術の開発と適用の機会

物流分野においても、効率的で環境負荷の小さい社会の実現に向けて、地球環境問題に適切に対応することが求められています。しかしながら、どうしても目先のコスト削減にとらわれ、環境対応コストを顧客に転嫁することが難しいのが現状です。

一方で、SDGsやESG投資の評価システムや、投資会社によるサステナブル投資が進んでいるヨーロッパや中国においては、ネット・ゼロ・エネルギーの物流施設の開発が盛んになってきており、国際的な受賞歴のある先進事例が多く見られます。今後、日本国内でも脱炭素社会の実現に向けて、物流施設に求められる環境性能の実現は不可避であり、建設会社に期待される役割も、技術開発から認定評価取得支援サービス、また物流施設デベロッパーの建築企画支援サービスなど多様になることが予想されます。

⑤物流施設の開発事業とファイナンスサービスへの参入機会

　ゼネコンにとって最も大胆な戦略オプションはこの開発事業への参入とファイナンスサービスの提供となるでしょう。建設市場だけの話にとどまりませんが、長期的に縮小均衡が予想される市場において生じる現象は、業界の垂直統合・水平統合・海外進出というのが定石です。

　ここでいう業界の垂直統合とは、建設・不動産業界においては長らく分業とすみ分けがされてきた企画・開発・設計・資材・施工・賃貸／販売営業・仲介・管理・資産運用・専門サービスなどの業態の垣根がなくなって、既存プレーヤーによる事業多角化や競争、また異業種からの市場参入を通じて、業界再編が進むことを意味します。

　過去、多くのゼネコンにおいて、住宅やオフィスの分野で開発事業を行ってきた事例もあります。しかし、非常に激しい競争環境の中で差異化やブランド化が難しかった同分野とは異なると考えます。参入プレーヤーが増加したとはいえ、まだ限られた競合社数と市場規模拡大の可能性を考慮すると、物流施設の開発事業または資産運用業を含むファイナンス事業への進出には、検討の余地があります。

　もちろん先行プレーヤーであり、工事の発注者にもなり得る既存の不動産会社や投資金融会社とは明確なすみ分け戦略を提示することが重要となります。

　極限まで業務効率性を追求するために新たな物流施設を構築したい一般事業会社や流通プラットフォーマーを対象に、グループファイナンス会社を通じた建物リースと建設工事、専門エンジニアリングサービスを組み合わせたプログラムの開始も可能でしょう。また、自社や関連企業が持つ用地を活用して環境技術や物流自動化技術を積極的に取り入れた高度な物流施設をブランド化して開発し、機関投資家向けの投資運用事業を開始することも考えられます。

5.2 フロントローディング

フロントローディングとは段取り八分

　フロントローディングは、業務プロセス改革のコンセプト・手法の1つです。「フロント（前）にローディング（負荷をかける）する」、つまり「早い段階で検討を行う、段取り八分で業務を進めること」を意味します。

　このフロントローディングという言葉はBIM活用の文脈でよく登場します。本来BIMは、建設物が生まれてから役目を終えるまでの建設情報を一元管理するという考え方を示すものです。しかし、一般的には3Dモデルに属性情報を付属させるツールと捉えられており、何のためにBIMを使うのかを説明する際に、よくフロントローディングが登場します。つまり、BIM活用により、意匠チェック、積算、解析、施工性チェックという順番に進んでいた各工程に、従来よりも早い段階から並行して取り組めるようになりました。これを指してフロントローディングと呼ぶということです。そして、このフロントローディングは、手戻り削減や建設案件プロジェクトの稼働の振れ幅の抑制といった、主に生産性改善の実現を狙うコンセプト・手法となります。

フロントローディングはなぜ人気？

　BIMを導入したゼネコンの多くは、業務改革における生産性向上のために、このコンセプトを掲げています。ただし、フロントローディングというものは導入すれば即効果を実現する類のものではなく、当たり前ですが、しっかりと使いこなすことが求められます。

　例えばフロントローディングという言葉には、検討の着手が早ければ早いほど良いイメージがあるかもしれません。しかし、早すぎる段階で検討

を開始したとしても、手戻り削減の効果は享受できるかもしれませんが、前工程における検討工数が増大し、トータルではむしろ生産性が落ちてしまうということもあります。

　早すぎる、の例を具体的に示してみると、「納まりの難しい箇所において仕様が未確定の段階」からの検討が挙げられます。つまり、仕様が未確定であるため、想定される仕様パターンの分だけ検討が必要になる事態が発生してしまうのです。そして、納まりの良しあしがパターン選定の評価に影響を与えるのであれば意味のある作業となります。しかし、その他の基準でパターン決定がされるのであれば、仕様決定前ではなく、仕様決定直後からフロントローディングを開始したほうが高い効果を享受できます。

　論理的には適切なタイミングから適切な検討を開始することが正しいと、誰もが頭では理解をしています。しかし実務上では、適切なタイミングよりも早く、または遅れて検討が開始され、トータルでは生産性改善を実現し切れていないという状況をよく見かけます。それでもフロントローディングがよく掲げられるのは、コンセプト・手法としての明快さに理由があると考えています。

■ 華々しいモデルテーマと厳しい現実

　実際に、フロントローディングの導入事例は数多く発表されています。一方で、その内実を聞くと、導入と言ってもモデルテーマ（フロントローディングを試行する特定のプロジェクト）にとどまり、全社展開は道半ば、という状況であることが多々あります。なぜ、全社展開に至らないのかというと、その理由の多くは責任権限設計、組織・プロセス設計でつまずくことにあります。

　繰り返しになりますが、フロントローディングは業務改革のコンセプト・手法となります。そして業務とは、単純化して書くと「誰が、何を遂行する」から構成されます。そのため、「誰が」と「何を」の両方の視点

で業務改革が必要になりますが、フロントローディングの検討においては「誰が」の視点が抜け落ちた、あるいは「誰が」を明確にしていくのが難しい場面が多いのです。

　具体的な状況を考えてみましょう。対外発表を念頭に置いたモデルテーマについては、その遂行に向け、特別なプロジェクトチームが結成されます。フロントローディングの適用を決めた建設案件に着手する前に、設計、積算、生産設計、作業所などに加え、BIM推進のメンバーがチームにアサインされることとなります。そして、設計段階から全関係者の出席が義務づけられた検討会が開かれ、従来であれば施工時に現場で発見される課題が次々に特定されていきます。

　まさに、フロントローディングが行われる、十分な効果を享受することとなります。その後、十分に効果を享受できる意義ある取り組みであるため、全社展開も実施すべし、という号令がかけられます。

　ところが、何年経ってもモデルテーマ以外へのフロントローディングの適用が進まないという状況が続きます。一体何が起きているのでしょうか。以下に想定される原因を挙げてみます。

- 通常の建設案件プロジェクトでは、設計段階で作業所長が確定することはまれであり、呼びたくても検討会に召集しようがない。
- 普段から積算担当や生産担当は多忙な状況なので、従来は不参加であった設計段階の検討会に参画する余裕はない。
- BIMモデルを外注先に作成依頼したくても、依頼作業をリードして担当していく人員の余裕がない、あるいは役割を担う人がいない（モデルテーマでは特命のBIM推進担当が任命）。
  - ▸ なお、BIMモデルの作成依頼は生産設計の業務という意見も聞くが、現在の評価の仕組み下で当該作業を担うと、生産設計の効率が悪化したと評価されることが多い。
  - ▸ なお、BIMモデルの作成依頼をBIM推進担当が担えば良いという意見も聞くが、（準大手以下のゼネコンの場合）社内の全建設案件プ

ロジェクトの作業を担う余裕はない。

このように、結局、「誰が」フロントローディングを実行できるのか、の問題が発生してしまいます。

工数捻出やコスト負担、実施により評価される仕組みといった責任権限設計、組織・プロセス設計が曖昧なまま、導入の掛け声だけや、フロントローディング自体の取り組み手順"のみ"の整備では、全社展開はいつまで経っても道半ばにとどまります。

フロントローディングのフルポテンシャル

また、ゼネコン各社との打ち合わせにおいて、フロントローディングの定義や範囲が関係者間で共通化されていない場面にもよく遭遇します。こうした、定義が曖昧な状態でのフロントローディングへの取り組みも、フルポテンシャルを享受できない大きな要因の1つと考えています。特定の建設案件プロジェクトにおける、作業者の工数削減を目的としたフロントローディングなのか、あるいは、全社目線で考えた施工中の案件と提案段階の案件を跨いだ所長クラスの最適配置を目的としたフロントローディング（提案時に現場を預かる予定の所長が参画できると、普段なら提案後に気づく懸念やリスクを事前に抽出し、プロジェクトマネジメントの振れ幅を抑えることが可能）なのかにより、取り組み範囲も取り組み方も異なります。

フロントローディングの定義はゼネコン各社の導入目的により異なります。「早期投入する経営資源」と「効率化対象の範囲」の2軸で整理・定義し、導入目的としてどこを目指すか議論することが一般的でしょう。図表5-2では、早期投入する経営資源としてはヒト（作業者と管理者それぞれの工数）、効率化対象の範囲としては個別の建設案件プロジェクト、または複数の建設案件プロジェクト横断といった切り口を例に説明を補足します。

図表 5-2　フロントローディングの要素

		効率化対象の範囲	
		個別PJにおける効果	PJ横断の取り組みによる効果
早期投入する経営資源	工数（ヒト） （例） ・設計知見者 ・施工知見者	象限① （例） 知見者による段取り八分	象限② （例） 作業所長の次のプロジェクトへの早期アサイン
	ナレッジ（情報） （例） ・設計標準 ・BIMモデル ・施工データ ・顧客情報	象限③ （例） ナレッジ活用による試行錯誤の削減	象限④ （例） プロジェクト推進の「型」づくりによるQCD向上
	モジュール （モノ）	象限⑤ （例） モジュール利用による効率化	象限⑥ （例） モジュール増加による資材の大量購買／工業化

工数（作業員）×個別

　最も狭義でのフロントローディングの定義となります。フロントローディングと言った時に、この象限の定義をイメージする読者は多いのではないでしょうか。従来、前工程での検討不足により後工程における手戻り工数が発生していた進め方に対し、前工程での検討を増やすことにより後工程での手戻り工数発生を極力抑える、という効果を目的とした象限です。

工数（エキスパート）×複数横断

　象限①の個別の建設案件プロジェクト内での工数配分の変化に対し、象限②は、複数の建設案件プロジェクトを俯瞰した工数配分の変化です。よく挙げられる例は、作業所長のプロジェクトのアサインタイミングの最適化です。

　作業所長が営業段階や設計段階から建設案件プロジェクトに参画すると、施工視点での検討が強化されます。結果、見積り精度や設計の施工性が向上します。作業所長があるプロジェクトに参画するタイミングを早めるには、その前に参画しているプロジェクトからのリリースを早める、または現在参画しているプロジェクトにおける後期では、ほぼ副所長に業務移管し次のプロジェクトを兼務する、といった調整が必要です。このように全社目線で複数の建設案件プロジェクトを横断したフロントローディングの実施による効果享受に取り組むのが象限②になります。

フロントローディングに関するまとめ

　この全社横断でのフロントローディングへの取り組みは、作業所長に代表される高度なスキルを保有するエキスパートに対するマネジメントとして有効な手法です。例えば、作業所長に限らず、ある物件種の設計に、あの人が参加するとコンペの勝率が劇的に上がるといったように、社内にいるキーマンをいかに要所で担ぎ出せるかといった話は、どのゼネコンでもあるのではないでしょうか。そして、このダイナミックなエキスパートの配置戦略は、個別建設案件プロジェクトの採算性管理にとどまらない、全社での企業価値向上に向けた成長サイクルを描く重要な取り組みと言えます。

コラム

「製造業を知る」②製造業事例から建設業界の設計レベルを知る

　設計者の頭の中にある設計の進め方を取り上げます。専門的で少し難しい話ですが、近年のホットトピックでもあるBIM活用水準を左右する大きな要因の1つにもなると考えます。

　設計者の成果物は図面です。図面に含まれる情報は多岐にわたりますが、主な情報は形状です。たいがい中心に大きなスペースを使って

描かれています。建設業の設計者は自分が設計した建設物の部材の数量を知りません。積算部門に集計してもらって初めてわかります。つまり極論すると、形状は意図を持って創造するものであるのに対し、部材の数量は結果的についてくるものになります。

　一方の製造業では、同じように、形状を先に決め、数量が後にわかる、という手順で設計しているメーカーがあります。また、先に数量を決め、その後に形状を決める、という手順で設計しているメーカーもあります。このような差はどこから生じるのでしょうか。

　設計の進め方は学者の先生方が研究を進めていることから、まずはその内容の確認から入ります。ここでは有名な東京大学大学院・藤本隆宏教授の定義をベースに進めたいと思います。

　「設計とは機能と構造の対応関係を決めること」です。つまりある機能を実現するために、どのような構造の製品やサービスにすればよいか、を決めることと解釈できます。機能が目的で構造が手段です。この定義を軸に設計者の頭の中で情報がどのように転換されていくかを見ていきましょう。

設計者の頭の中

　起点は顧客の要求です。常に時間を手早く知りたい、そのために身に着けるものが必要であれば、格好良いものがよい、重いものは嫌だ、アラームを出してほしい、といった要求が挙げられます。次に、こういった要求を実現するために必要な機能を考えます。例えば、時間計測機能、時刻把握機能、表示機能、身体への保持機能、等です。最後に、機能を実現する構造を決めます。構造は論理構造と物理構造に分かれます。論理構造とは、時計の場合、機械式、水晶振動子式、電波式等、発電の場合、火力式、水力式、原子力式、風力式、地熱式等、のようにどのような理論に則り、機能と構造を結びつけるのかの枠組みを決める部分であり、物理構造とは各部品の構造です。

　世界で初めての製品を設計する際は、意識的か無意識かの違いはあ

れど、この基本の流れに沿わなければ設計は難しいでしょう。ただし、世の中で初めての設計というのは意外と少なく、多くは過去に存在した製品やサービスを流用して設計することがほとんどです。その場合は必ずしも基本の流れをすべて愚直になぞらなくても設計はできます。この基本の流れを押さえつつ、過去の設計を利用できる部分は利用するアプローチを流用設計と言います。

　電子機器のプリント基板の設計の例を挙げて、流用設計についての理解を深めたいと思います。この例を用いる理由は、プリント基板には緑色の板の上に部品を配置するというレイアウト設計の工程があるため、建築の設計と対比しやすいためです。例えば、フロアプランという建設業界の方に馴染みのある言葉を電子機器業界の方も使います。プリント基板の設計手順は、以下のとおりです。

　　顧客要求仕様の確定→機能設計→論理設計→レイアウト設計→試作評価→製造

　この流れは、先ほど説明した設計の基本の流れどおりです。この流れに沿って流用設計の製造業における状況を説明します。なお、顧客の要求仕様の確定は所与のものとして機能設計部分からの説明になります。

　機能設計は最も省略されるプロセスです。例えば、扇風機にはプリント基板がつきますが、要求機能は、ON／OFF、風力の調整、タイマー設定くらいです。顧客要求仕様の確認は商品企画ごとの実施が望ましいですが、その結果として、プリント基板に求められる機能はほぼ同じになります。違う場合でも大部分が同じで一部違うといった程度でしょう。そうすると機能設計は省略となります。

　次に省略されるのが論理設計のプロセスです。論理設計のイメージは、例えば豆電球を点灯させる回路図を思い出して下さい。電球、電池、スイッチ、配線の記号を用い、豆電球を点灯させる系を成り立

せる回路を作図したと思います。このように各部品の機能に焦点を当て、抽象化した記号を用い、求める機能・性能をどのように実現するかを決めていくのが論理設計です。

　論理設計は機能が同じでも性能が異なれば行わなくてはなりません。また、性能が同じでもより安い部品の採用や廃止部品の代替時にも設計の必要があります。ただし、扇風機のような簡単な製品では回路をゼロから考えることはほぼなく、極端に言うと使用する部品を決める程度のことが多いです。

　レイアウト設計は、大きさのある部品を基板上にどのように配置するかを決める工程です。最終的なモノの形を決めるので必ず行われます。部分的に同じ配置を流用する場合もあります。

　そして、試作評価→製造という段階に進みます。以上のように設計に関するプロセスにおいて、機能・性能が過去のものと似た設計の場合、機能設計や論理設計は省略され、最終的な形状のみ設計される傾向にあります。最終成果物は製造してみないと設計結果がわかりませんので、物理的に製品がわかる最後の設計図は必ず作られます。

建設の設計に当てはめると

　前置きが長くなりましたが、この流れを建設の設計に当てはめて考えてみましょう。建設物の提供機能は家電製品のように目まぐるしく変わることはありません。細かい改善点は別にして、安全や快適といった要求に対し、重量保持機能、免震／制震／耐震機能、耐火機能、空調機能、防音機能が求められる、という骨子にほぼ変わりはありません。そのため、設計の基本での設計区分における機能設計と論理設計は省略される部分が多くなります。また、建設の場合は最終アウトプットがあれば施工部門に必要事項は伝えることができるため、（意匠含む）レイアウト設計が中心となるのです。

　センスの良い設計者や、この流れを理解する設計者は、機能設計結果や論理設計結果の提出が求められていなくても頭の中やノートで整

理をしています。しかし、そうでない設計者は、要求→機能→論理→物理（レイアウト）の整合性が取れていない設計をします。

　製造業の例ですが、ひどい場合には、過去に天才が設計したもので、結果としての構造図面しか残ってない事例もありました。機能と構造の関連が不明であったことから、新製品開発時でさえ製品の基本機能を司る部分に修正を加えることができませんでした。そのため、何十年も同じ構造で流用し続けているという事例が、特殊な例ではなく複数の企業に存在していました。

　現在、機能設計、論理設計の重要性はさらに高まっています。ゼネコンの提供価値が建設物という箱モノから、快適な空間や生産性向上の動線へと広がりを見せつつあるためです。またIoT等デジタル技術の進展により価値提供を実現する機能が増加していることにも起因します。新たな価値提供の実現には新たな機能が必要になるというわけです。ゼネコンの設計者はこれまであまり行ってこなかった機能設計や論理設計に取り組むことが求められます。

　なお、この設計にはデジタルが役立つと考えます。ある空間を最適化しようとする場合の要求仕様が数百項目、実現の機能が数百項目となると、数百項目と数百項目の関係を解いていく必要があるからです。

　ゼネコン各社とも長期ビジョンを描き、新たな価値提供の実現を試みている最中です。これを機に設計の進め方やサポートするデジタルの使いこなし方を考えてみていただければと思います。

5.3 標準化

標準化の定義

標準化について、(われわれが知る限り)建設業界で完全に共通認識されている定義はないと理解しています。それでも汎用的な定義にトライしてみると、建設業界における標準化とは、モノの標準化とプロセスの標準化に大別されると考えます。

モノの標準化とは、複数プロダクトにおける部材やユニットを共通化することを指します。自動車を例にとると、プリウスとカローラのように、複数の車種が共通の車台で生産されることが該当するでしょう。

それに対し、プロセスの標準化は、業務の進め方について統一的な手順やフォーマットで運用していくことを指します。例えば、かば焼きを料理する際、蒸してから焼く調理パターン(関東風)と、焼くだけの調理パターン(関西風)がある中で、それを職人の判断で運用している場合、プロセスは標準化されていない状態です。このことにより下準備の手間や出来上がりの食感を含む味にばらつきが生じ、美味しさや廃棄率にもばらつきが生じます。この調理パターンをどちらかに統一すると、プロセスが標準化できている状態になったと言えます。

プロセスの標準化については、ゼネコン各社は以前より業務改善の文脈の中で取り組んでいます。そのため、本節では建設業界における不可逆的な潮流として近年注目を浴びる、工業化工法に通じる前段の話として、モノの標準化について深掘りしていきます。モノの標準化を顧客が価値を認識する単位でまとめると、大枠として3つに分類されると考えられます。それは部材の標準化、中間資材の標準化、建設物の標準化です。

なお、標準化の議論の際には気をつけるべきことがあります。それは何でも手当たり次第に標準化すればよいという話ではないということです。

先ほど標準化を顧客が価値を認識する単位でまとめると申し上げましたが、裏返すと価値を感じられる単位にまとめなければ、標準化する意味はありません。むしろ、まとめることで価値を損ねるまとめ方というのも存在します。

　例えば、先ほどはプリウスとカローラにおける、車台の共通化を（良い事例として）挙げましたが、色まで標準化された場合はどうでしょうか。自動車の歴史を紐解くまでもなく、標準化された色以外を好む顧客からは、支持されないことは明白です。したがって、モノの標準化において、何を標準化するか／何を標準化しないかは重要な視点であることを覚えておいてください。

▌3つの標準化

　3つの標準化のうち、最初に挙げる部材の標準化については、JIS規格製品をイメージすればわかりやすいのではないでしょうか。例えば日本と米国ではネジの規格が異なります。そのため、米国製品の修理を日本で行う場合は、部品の調達から苦労することはよくあるでしょう。しかし、日本の製品であればJIS規格により長さや太さ、品質については統一されているため、どのメーカーの製品であっても、どのホームセンターで買ったとしても、（もちろんディテールの違いにより、入手が難しいものはありますが）修理に必要なネジを誰でも簡単に手に入れることができます。

　次に中間資材の標準化とは、最終製品は異なるものの、生産の途中段階での中間資材や部品を共通化する取り組みを指します。例としては繰り返しになりますが、プリウスとカローラが同じ車台から生産されていることなどがイメージしやすいでしょう。

　そして、建設物の標準化は、T型フォードをイメージすればわかりやすいのではないでしょうか。T型フォードは、プリウスやカローラと異なり、生産性向上のために塗装まで黒に統一されていました。最終製品として、規格化されたものが建設物の標準化です。

標準化の程度

　対象が部材・中間資材・建設物のどのレベルで標準化を試みるかにかかわらず、標準化には程度が存在します。つまり、きっちりと材料・寸法のすべてについて共通化するか、そこに可変性を持たせるかといった、程度の違いが存在します。この議論を曖昧にしていることにより、標準化に賛成・反対といった総論レベルでの議論であっても、停滞している状況によく遭遇します。なお、標準化の程度を大別すると、以下の3段階に分けられることが多いです。

（1）対象の構成要素・材料・寸法ともすべて同じ
（2）対象の構成要素・材料は同じ。寸法は可変
（3）対象の構成要素は同じ。材料・寸法は可変

　補足ですが、対象の構成要素とは、例えば柱、梁、壁、スラブ等の構造を指します。材料は、例えば鋼材・木材・樹脂等を指します。寸法は、幅、奥行き、高さ等を指します。

標準化の実施可否判断

　標準化はどんな場合であっても効果が出るという手法ではありません。先ほど、「価値を感じられる単位にまとめなければ、標準化する意味はありません。むしろ、まとめることで価値を損ねるまとめ方というのも存在します」と述べました。では、どのようにまとめるべきなのでしょうか。この検討を進めるにあたって、大きく以下の視点を押さえることが重要です。

- 標準化の目的
- 標準化の影響範囲
- 標準化の対象
- 標準化の効果（特に量の試算）

● 標準化のフィージビリティ／リスク

　標準化が実現すると、さまざまな面で効果を享受できます。しかしその
すべての要素における効果最大化を試みると総花的な結果になることが多
くなります。「標準化の目的」とは、標準化を通じて原価を低減するのか、
見積期間を短縮するのか、省人化を行うのか、というように達成する主目
的と副次的な効果の切り分け、並びに具体的な文言での定義を指します。
この定義により提供される価値が、顧客からも社内からも求められている
場合、次の「標準化の影響範囲」の検討に移行します。

　「標準化の影響範囲」は、顧客が受け取る価値の変化のみならず、社内
にも及ぶことを念頭に対象を想定します。標準化の推進により、事業にお
ける物件構成売上比率の変化、物件別の設計施工比率の変化、設計施工バ
リューチェーンにおける提供範囲の変化、設計施工以外の事業領域の変
化、といった顧客への価値提供のあり方（＝ビジネスモデル）において、
どの範囲まで見直すべきかの検討を必要とします。なお、実務上は、この
「標準化の影響範囲」の検討と次ステップとなる「標準化の対象」、並びに
「標準化の効果（特に量の試算）」を行き来しながら進めることになります。

　「標準化の対象」では、対象となる用途タイプ（物流倉庫、マンション、
データセンター、医薬品製造施設等）、顧客属性（デザインを重視する顧
客、コストパフォーマンスを重視する顧客、最安値を狙う顧客等）、部材・
データ（プレキャストコンクリート、納まり部材等）を検討します。この
対象の設定範囲により、検討の難易度が変化します。当然、対象を絞れば
絞るほど、検討の難易度は低くなり、広くすれば難易度は高くなります。

　そして、「標準化の効果（特に量の試算）」を試算します。そもそも標準
化という打ち手は、それぞれの建設案件プロジェクトで計上されていた変
動費部分について、一定量を安定的に購入することによる調達コスト低
減、同工程を繰り返して累積経験量を増加させることによる単位作業コス
ト低減、といった経済性を根拠に取り組むものです。また、価値提供のあ
り方（＝ビジネスモデル）によっては、現場生産を工場といった建設現場

の外部の場所に移管・集約・装置化し、規模の経済の効果を根拠とした効果の獲得を期待します。そのため、標準化の効果においては、括弧書きで記載した「特に量の試算」の部分が重要な見立てとなります。

最後の「標準化のフィージビリティ／リスク」の検証は欠かせません。「どれだけ良いと思った考えでも、世の中では3人ぐらいはすでに思いついているはずだ」というのは、コンサルティング業界ではよく聞く言葉です。この言葉には続きがあり「そのため、なぜ実現"できていないのか？"の原因を併せて考える必要がある」となります。

実現できていない理由の多くは、相反する事象や政治的なしがらみといったように一筋縄では解決できないものです。そのため、実現可能性を高める上で「標準化のフィージビリティ／リスク」の段階での検討が重要になります。建設業界ではその検討の観点を、主に規制面（例：耐震等の法規制はクリアできているか？）と、現サービス面（例：今のうれしさが損なわれないか？　陳腐化する社内資産が発生しないか？）について、進めていきます。

以上を基本のポイントとして検討することにより、標準化を進めたけれど、思ったより効果がなかった、むしろ標準化に取り組まなければよかった、というような残念な状態に陥ることを避けやすくなります。

標準化の対象の検討アプローチ

先ほどの「標準化の実施可否判断」の検討を進めていく上で、最も質問を受けるステップは「標準化の対象」の進め方です。例えば、中間資材は、数点の部品といったレベルから、分解したら一部屋にまるごと部品が並ぶことになるレベルの資材まで存在します。そのような状況において、どの範囲を「標準化の対象」として定めていくかは、実務上、非常に頭を悩ませる取り組みと言えます。

この解決に向けて「プロダクト構成情報と要求仕様のマトリクス」に基づいたアプローチをよく採用しています（図表5-3）。

図表5-3　プロダクト構成情報と要求仕様のマトリクス

			要求仕様				
			強度	耐火	断熱	遮音	…
プロダクト構成情報	オフィス		✓	✓	✓	✓	
		躯体	✓	✓			
			コンクリート	✓	✓		
			鉄筋	✓	✓		
			︙				
		外装		✓	✓	✓	
			PC	✓	✓	✓	
			AW		✓	✓	
			︙				
		内装					
			システム天井	✓			
			塗装	✓			
			︙				
	︙						

このマトリクスでは、要求仕様を実現するために機能する部品（群）に✓をつけ、要求仕様と部品（群）の関係を整理します。

標準化が進んでいる製品は✓の数が少ない傾向を見せます。例えば、標準型製品の代表格であるパソコンは、情報の入力という要求仕様に対するキーボードという部品群（ユニット）、情報の短期記憶という要求仕様に対するメモリという部品、演算という要求仕様に対するCPUという部品、情報の長期記憶という要求仕様に対するハードディスクという部品群（ユニット）、というように、要求仕様と部品（群）の関係が1：1になるものが多く、マトリクス上の✓の数が少なくなります。

そして、部品（群）として機能定義された状態とは、この部品（群）の単位での入れ替え可能な状態になっていることです。この入れ替え可能な状態は、他の構成要素と接触するインターフェースも標準化されているという意味も内包します。

つまり標準化したインターフェースに準拠する限り、その部品（群）に

おける細かい部分は各社により違いが存在するものの、部品（群）単位では標準化が可能な範囲となります（パソコンを自作したり、BTOパソコンで機能をカスタマイズしたりした経験のある方は理解しやすいと思います）。

　一方、標準化が進んでいないすり合わせ型の製品は、✓の数が多くなります。例えば、すり合わせ型製品の代表格である自動車は、走る、曲がる、止まる、といった基本的な要求仕様に対しては、対応する部品（群）は明確であるものの、乗り心地や静音性といった複数の要求価値の実現に向けて多くの部品（群）が複雑に絡み合っています（1：1で定義されていない状態）。

　話を戻すと、「プロダクト構成情報と要求仕様のマトリクス」に基づいたアプローチを利用する場合、現状把握として過去物件を対象にマトリクスを作成した上で、いかに「✓」を減らすことができるかといったことを検討していきます。

　また、「バラエティ発生要因分析」に基づいたアプローチも、「標準化の対象」を検討する上でよく採用します。

　「バラエティ発生要因分析」とは、過去物件を対象にバラエティ（種類）が発生している要因を分析し、バラエティ数を必要最小限にする手法です。以下の5つのステップでの分析が基本となります。

（1）前節の論点を検討し、分析対象物件とモジュール化対象部分候補を決定
（2）モジュール化対象部分候補のバラエティを確認
（3）バラエティが発生している要因を分析
（4）バラエティ発生要因が顧客満足度に与える影響を調査・分析
（5）バラエティを必要最小限にする方針策定

　わかりやすさを優先して、細かいことを省いた例で説明すると、それぞれのステップは以下のイメージとなります。

（1）分析対象物件を、「個別住宅20棟」、モジュール化対象部分を「階段の手すり」とした。

（2）手すりの高さは20棟すべて異なっており、高さは20種類、色は10種類、材質は3種類に分かれていた。

（3）高さは、大人の住人の腰の高さ（複数いる場合は平均値）で決めた結果、20種類になった。

色は、デザイナーが決めた結果、10種類となっていた。材質は木材のグレードで分けた結果、3種類となった。

（4）高さは、腰の高さがつかみやすさの最適値であることから、20種類に分けたが、上下2cmずつのずれはつかみやすさへの影響がごく軽微であり、顧客満足度は低下しないため、高さは4cm刻みの規格とし、10種類に減らす。色は、階段全体の印象を左右する重要要素であることがわかった上で、種類を増やした場合の自社の管理工数等の変化もごく軽微であるため、種類を増やす。材質は高級感や耐久性に影響するが、色によって高級感等はカバーできるため、2種類に減らす。

単純化して書きましたが、このようにバラエティ発生要因から、発生の意味を解きほぐし、今後の標準化の方針を定めると、イメージは湧きやすいのではないでしょうか。少し堅苦しく経営目線で書くと、要求品質（商品性を含む）を損なわずに、付加価値向上（顧客の発注コスト削減、自社の原価低減）に資する標準化を実現することとなります。また、標準化とはバリューエンジニアリングの一種と理解されている方もいます。

標準化に関するまとめ

現状、ゼネコン各社での標準化の検討は、標準化の定義や論点の共通理解が「なんとなく」で進むことが多いと言わざるを得ません。読者も表面を撫でただけのような議論が多いと感じられたことがあるのではないで

しょうか。その表面にとどまった内容で良しあしを論じるのではなく、解像度を上げた議論を実現することにより、自社なりの標準化議論に対する解が見つかり、経営としての企業価値向上への新たな道筋も見えてくるのではないでしょうか。

▌ 標準化を経営に取り入れたカテラ（Katerra）

　前述した標準化議論を進める上で、この会社の存在を語らずにはいられません。カテラ社は米国のスタートアップ企業として生産性の低い建設業界に、ITを武器に参入しました。資材調達から建設までを垂直統合し、サプライチェーンの最適化を目指して事業展開を進めてきました。

　投資家目線ではBIM、ERP、ロボティクス、AI（人工知能）、センサー、エンドツーエンドソフトウェアといった最新技術を駆使する面に脚光が当たることも多いのですが、建設業界内から見ると、もう1つ重要な側面を持ちます。それは、製品の標準化です。

　カテラはユニットや資材が標準化しやすい住宅を主な建設対象と定めています。そのターゲティングによりユニットや資材の種類を絞り、かつその実現を支えるオペレーションプロセスの標準化・内製化を可能としています。もちろんユニットや資材の種類数を単に絞るのではなく、こだわる部分と割り切る部分も明確化しています。こだわる意匠性については、個人の嗜好に合わせるためにデザイン会社やコンソーシアムを設立するなどして、標準化により建設物の魅力が落ちない施策を打っています。

　しかし、このような華々しい取り組みにもかかわらず、同社は2021年6月6日、米国で連邦破産法11条の適用を申請したことを明らかにしました（図表5-4）。

▌ カテラの破産に対する見解

　各種記事では、工事遅延、労務費と資材費の上昇、が原因ではないかと

図表 5-4　カテラ事例

**カテラは、安価で高品質な住宅建設の実現に向け、デジタル製造プロセスや
モジュール生産、垂直統合モデルに取り組む**

■自社工場でモジュール部材を製造し、現場で組み立てる生産方式を実践しており、工場では
　ロボット等のデジタルプロセスを活用

■企画・設計、モジュール部材製造、施工までをワンストップで提供する垂直統合モデルを
　採用しており、デジタルプラットフォームによりチェーン全体を管理

■工場は固定／移動ロボット及び無人搬送車を使用したデジタル製造プロセスを採用
　―固定ロボットは 30 台、移動ロボットは 12 台が稼働

■その他、デジタルプラットフォーム「アポロ」を活用し、プロジェクト全体のコストや工程、
　資材、労務等、サプライチェーン全体管理
　―アポロインサイト（アプリ 1）：PJ の初期段階で、資金計画や PJ の実現可能性などを 3
　　　　　　　　　　　　　　　　　次元モデルで簡単に検証
　―アポロコネクト（アプリ 2）：設計の調整や工事着手前の準備に使用。BIM と連動し、設
　　　　　　　　　　　　　　　　計データを基に自動で 見積り、サプライチェーンに関わるメン
　　　　　　　　　　　　　　　　バーに共有可能
　―アポロコンストラクト（アプリ 3）：正確な積算や工程計画の策定、スケジュール管理など
　　　　　　　　　　　　　　　　　　ができる施工管理用

出所：Kattera Inc. HP、各種二次情報

　言われています。一方、筆者らの想定では、建設物標準化力（モジュラー
デザイン力）不足も原因ではないかと推測しています（図表5-5）。

　カテラは、生産面では標準化とマス生産によるコスト低減を実現すると
同時に、物件固有の要件を満たす高度な受注生産を実現する方針を持ちま
した。一方デザイン面ではユニークさを追求しながらも、基礎的な部材な
どの要素で標準化を進める、という方針です。

　この方針実現に向けたデザインやITのケイパビリティについての具体的
な情報については、筆者らは把握できていました。それに対し、建設物標
準化力（モジュラーデザイン力）については筆者らもあまり把握できてい
ませんでした。筆者らが把握していないこと（業界に広く公開されていな
いこと）が建設物標準化力（モジュラーデザイン力）の不足に直結すると
は言いませんが、もしそこに強みがある場合、外部に対しても喧伝してい
たのではないかと考えています。

カテラは、2021年6月に破産法の適用を申請。同社のコンセプトは良かったものの、建設物標準化力不足が工事遅延や労務費・資材費の上昇を招いたか

＜カテラの状況＞
■2021年6月6日、米国で連邦破産法11条の適用を申請
　—SBインベストメント・アドバイザーズ（UK）から3500万ドルの事業再生融資を確保
　—負債は推定10億〜100億ドル、資産は5億〜10億ドル
　—米国のプロジェクトの多くは解散
　—傘下の建設会社リノベーションズとロード・エック・サージェントを売却
■工事遅延、労務費と資材費の上昇が主な要因
■パンデミックの影響により、建設現場の閉鎖が発生したこと等も要因

推定売上（単位：10億ドル）

2017	18	19	20（年度）
0.4	1.0	1.7	2.0

＜ADL見解＞
■建設物標準化力不足が、工事遅延や労務費・資材費の上昇を招いたか
　—基礎的な部材等の標準化・マス生産によるコスト低減と、固有の要件（デザインのユニークさ等）を同時追求
　—デザイン会社4社とのコンソーシアム設立（内、2社は買収）や、BIMやSAPのERPシステムの活用等、デザインやITケイパビリティは保有している模様
　—一方で、経営陣が電子機器の業界出身であり、建設物標準化力*1については軽視されていた可能性

＊1：製品を多様化して売り上げを増やしつつ、部品や製造設備の種類を削減して原価低減を図る手法
出所：Katerra Inc. HP、Softbank IR、各種二次情報、ADL分析より作成

　共同創業者の1人であるマイケル・マークスは電子機器受託生産大手FlextronicsのCEOを長年務めていたこともあり、推測の域は出ませんが、電子機器業界の知見をベースに設計標準化を進める絵を描いていたが、建設業界では苦戦したのではないでしょうか。

　カテラの破産事例について誤解していただきたくないのは、同社は破産してしまいましたが、マスカスタマイゼーションの狙い自体が否定されたわけではないということです。もしカテラが、例えば長谷工コーポレーションや三井住友建設のような建設物標準化力を有していたら、結果は変わっていた可能性があります。

　依然、建設業界では拒否反応の強い標準化議論ですが、カテラの破産により建設業界における適用は難しいことが証明されたわけではないと考えます。今後も、明らかになる関連情報もチェックしつつ、企業価値向上に向けた知見として蓄積していければと考えています。

5.4　施工計画書作成の刷新

デスクワークに追われる正社員

　労働力不足の波は現場の作業員だけでなく、ゼネコンの正社員にも及んでいます。特に小さい現場ではゼネコンの正社員は所長とメンバーの2名体制というケースもあり、社員は文字どおり目が回るような忙しさで働いている状況です。正社員が各業務に工数を投入している割合は、弊社が関与したある非公開の調査によると、以下のとおりでした。

- 所長
デスクワーク	40%
現場巡回	20%
会議	20%
その他	20%

- リーダー
デスクワーク	50%
現場巡回	25%
会議	16%
その他	9%

- メンバー

デスクワーク	50%
現場巡回	33%
会議	13%
その他	4%

　比率の違いはありますが、正社員の1日の労働時間における、デスクワークの工数比率は高くなっていることが見て取れます。

類似資料を毎回作成

　デスクワークで特に工数をかけている作業の1つに、施工計画書の作成があります。施工計画書とは、施工の安全、品質、コスト、期日、環境負荷等、施工の目標を達成するための段取りをまとめた資料です。内容としては工事概要、施工管理体制、施工、品質管理、安全、施工記録、等が記載されます。また、段取りが十分にできていることを施主を含む関係者に伝えるためにも必要となる、重要な書類です。

　どの建設案件プロジェクトにおいても作成が必要な施工計画書ですが、（乱暴な言い方になってしまいますが）どの現場でも似たような書類を作成しているのではないでしょうか。実際、建設案件プロジェクトにおいて極端に異なる安全や品質基準、環境負荷目標を課せられることは少なく、結果として、同じような内容になるのはむしろ当たり前です。施工計画書の作成自体は重要だと理解するものの、一方で類似の内容が多くなることから効率化の余地が多いのではないかという感覚を持つ正社員の方は多くいます。ところが、実行しようとしても、そう簡単にはいかない状況なのです（下記はよく見かける、「そう簡単ではない」状況です）。

- 全社検索が困難
　可能な限り効率的に作成するために過去の類似案件を探し、それを変

更する形で作成したいが、探すことができるのは自分の知っている範囲に限られてしまう。そのため、自社のどこかには存在するはずの最適な案件事例にたどり着かない。

- 顧客要求への対応
  施主ごとに要求される項目や書式が（微妙に）異なるため、探しにくい／流用しにくい。
- 作成者別のこだわり
  施主や作成者ごとに使用するツールやフォーマット（文書作成、表計算ソフト、作図ソフト、紙、等）が異なるため、そのまま流用しにくい。

施工計画書の刷新に関するまとめ

こうした状況の解決に向け、ゼネコン各社は本腰を入れて取り組むようになってきました。労働者不足、4週8休等の要請による作業時間の制限により、問題意識に対する対応の緊急度の高まり、また、IT技術の進化により打てる手が増えてきたことが背景となっています。

施工計画書の作成工数削減に向けては、過去に作成した施工計画書を検索し、類似する施工計画書から追加・修正する進め方が一般的です。この検索の粒度は過去の施工計画書という単位で検索するのではなく、施工計画書における項目単位で類似探索によって行わなければ使い勝手の悪いものとなります。

すでにゼネコン各社においては、免震技術といった建築物に関連する技術のみならず、例えば施工計画書の検索を実現するデジタル技術（タグ設定や用語ディクショナリの生成等）の開発が求められています。今後の企業価値向上のレバーとしてデジタル技術の理解は欠かせないと言えるのではないでしょうか。

5.5 技術の棚卸

　外部環境への見立てに対し、自社ならではの価値を社会を含む顧客へ提供することを通じ、社会から唯一無二の企業として求められ、結果として企業価値が向上していくことになります。この外部環境への見立てを立案する外部環境認識力や、顧客への理解といったソフト面、販売チャネル、資金、従業員といった、自社ならではの価値を出す上で必要となるケイパビリティはさまざまにあります。その中で、製造業だけでなく、建設業においても技術が重要な要素として取り上げられます。

　ただし、技術に対する認識は各社によって異なります。技術自体を細かく要素レベルで見ている、その逆で、抽象度高く捉えている場合があるなど、強みとなる○○技術はこれだ、と明確に定義し切れている企業はあまり見かけられません。多くの技術を有するものの、整理がなされていないことから、実際にはどのような技術を保有しているかすら明確ではない、といった企業も少なくありません。

　一方で、技術を棚卸して、自社の強みとなる技術を明確にすることにより既存事業の強化や新規事業の開発に活用していきたい、と考える企業は当然ながら多数あります。ただし、技術の棚卸はレイヤーの抽象度を揃え、そして適切な塊で分類していくという作業自体の難易度の高さに加え、過去の歴史から開発者の思い入れといった情緒面も読み解きながら進める必要があるため、莫大な工数がかかってしまいます。

　さらには、取り組んでみたものの思うように進まない、棚卸してみたけどどうも感覚と異なる、棚卸の結果を実際に取り組みたい既存事業の強化や新規事業の開発にどう活用したらいいかわからない、といった、やってはみたもののその成果を刈り取れない悩みもあります。

技術の棚卸の目的

改めて技術の棚卸について簡単に整理してみます。

定義：“親技術”から、より詳細な“孫技術”へと技術分解することを通じて、要素技術を抽出する行為。

技術分解の範囲：技術分解は個人（属人的技術）または装置（属装置的技術）が同定されるレベルまで実施。

アウトプット：技術分類に基づく複数の技術体系ツリーが束となった、1つのツリー構造で整理されたもの。

技術分類の切り口：市場目線での区分（顧客価値・用途市場）や技術目線での区分（コンポーネント・プロセス・技術解決アプローチ）といったさまざまなパターンが存在。使用目的に応じて最適な切り口の選択が重要。

この技術の棚卸に対し、自社で保有する技術を事業、競争、ライフサイクルの3つの視点に照らすと、どう評価されるのかを診断します。以下にそれぞれの説明を簡単に記します。

事業視点：「自社の事業にとっての意味合い」→事業収益に本当に寄与している技術は何か？

競争視点：「自社の技術そのものとしての意味合い」→差別化された技術は何か？

ライフサイクル視点：「世の中での技術そのものの賞味期限としての意味合い」→成熟化した（どこからでも調達可能なコモディティ化した）技術は何か？

そして、把握・診断した棚卸結果を踏まえ、「今後も収益貢献上は必要不可欠な技術であるものの、技術保有者の人数が少ないことから技術承継

を目的に投資をしよう」、「競合と比較して優位性を持つものの、技術ライフサイクル面では枯れてきている、あるいは代替技術が出始めているので外部利用に変更しよう」というように、技術に対する投資や入れ替え等の方針を定め、技術戦略策定のベースとします。

　最近は、こうした目的に加え、高齢化に起因する技術承継のために可視化をしたい（棚卸技術に技術者の年次がマッピングされたヒートマップの作成）といったニーズや、自社ケイパビリティに基づく模倣困難性の高い事業構想、あるいは実行可能性を担保した事業構想を策定したいといったニーズのために、技術の棚卸をしたいという声を聞く機会も増えてきました。

▌技術の棚卸を踏まえた新事業構想アプローチ

　最近依頼されることの多いテーマの1つに、棚卸した技術に基づく新事業構想策定というものがあります。ここでは、そのアプローチについて説明します。

　技術に基づく新規事業といっても、当然顧客あっての新事業となります。そのため、棚卸した技術に対して新事業の対象市場における顧客ニーズに適合した技術、悩みを解決する技術が何かを見極めて、模倣困難性や実行可能性を担保した事業の構想が必要となります。つまり、技術に基づく新事業構想策定では、顧客ニーズと自社技術をつなぎ合わせなければなりません。つなぎ合わせるとは、「技術」から「機能（悩み・嬉しさ）」への翻訳が必要となります。顧客ニーズが仕様として明示される場合を除き、「技術」は顧客ニーズを充足させる「機能」を生み出すための手段にすぎません。そして、「機能」によるニーズの充足により顧客は満足、あるいは顧客は購買において最小金額で最大「機能」を得ようとします。

　「技術」を「機能」へ、さらに「顧客ニーズ」へと翻訳する具体例を挙げると、以下のようになります。

- 金属の表面に酸化被膜を形成する→技術
- 表面の酸化被膜形成により金属を防食できること→機能
- 金属の強度を保ちたい→顧客ニーズ

　技術の内容を防食技術と表現したり、顧客の抱えるニーズを酸化被膜形成のように、いわゆる"機能言葉"で表現することもできます。しかし、"機能言葉"のように端的な表現で定義してしまうと、かえって他の目的への転用を発想しにくくなります。酸化被膜形成により金属を防食する技術として定義しておくと、金属の強度を保ちたいといったニーズ以外に、例えば防食により見た目の劣化を防ぎたい、といったその他の転用先、つまり新事業を構想しやすくなります。また、顧客ニーズも同様です。顧客ニーズを酸化被膜形成としてしまうと、顧客が実現したいことへの手段が限定されます。しかし、金属の強度保持とすれば、酸化被膜形成以外の手段から、最適な手段を選択できる可能性、つまり企業にとってみると新事業の機会となります。

　当然、ここで記載した技術棚卸結果と市場ニーズを"機能言葉"へ変換し探索するアプローチはあくまで大方針にすぎません。このアプローチの後には、具体的な顧客ニーズの定量／定性的な調査といった後続タスクが存在し、それぞれのタスクでの検討結果を結びつけた上で、最終的に新事業を構想します。

技術の棚卸に関するまとめ

　技術研究機能を内製化していることが、準大手・中堅以上の規模のゼネコンでは散見されます。一方で、企業成長に資する技術という点では、大方針は掲げられているものの、技術により企業が明確に成長しているとは言い切れない状況が長く続いてきたものと理解しています。それは、自社内の技術活用方法や必要性を規定する建設業界の事業環境が、そうさせていたとも考えられます。近年の建設業界における企業価値向上のレバーが

増えてきた中、改めて自社にある技術を、どのように企業価値向上に活かしていくかについて議論してもよいのではないでしょうか。

コラム

「製造業を知る」③製造業の情報システム投資失敗事例を活用

　情報システムの失敗事例というと金融機関や交通機関の例が思い浮かびます。大なり小なり各社でシステム障害は発生するものの、顧客使用システムにおいて問題が発生したことで社会問題になったためではないでしょうか。それらシステム障害との比較では地味な扱いですが、製造業でも業績に影響を与える問題は発生しています。

　感覚的には建設業界での情報システムの失敗事例は少ないという印象を持ちます。システム化が遅れていることの裏返しかもしれません。このことをチャンスと捉え、ものづくりという観点で類似性のある製造業の情報システム投資の失敗事例を学びになればと考え紹介します。

　製造業では調達、生産、販売がストップしたというような失敗事例は少ない一方、莫大な投資にもかかわらず、当初想定の効果がほとんど獲得できていないという失敗事例が散見されます。

　例えばPLM（Product Lifecycle Management）システムがあります。製品（Product）が、生まれて役目を終え、次が生まれるというサイクル（Lifecycle）をマネジメントするシステムです。製品の売上向上、製品品質の向上、製品自体／製品関連業務のコストダウン、製品開発／生産／納品等のリードタイム削減等を目的に、製品企画、仕様変更、設計、設計変更、デザインレビュー、試作評価、生産準備、調達、生産、アフターサービス等の質向上や効率化を図る上で必要となる情報を収集、蓄積、活用していくシステムです。

　このようにPLMは役に立ちそうですが、投資に見合う効果を享受できていない事例も見られます。

　1つ目の理由は、システム活用が可視化にとどまるためです。当たり前の話に感じるかもしれませんが、可視化の後の活用方法を明確にしていないことが多いためです。まずはデータの収集と可視化を進め、用途は後から考えようというスタンスで導入を開始したものの、用途検討は放置されている状況になります。

　2つ目の理由は、結果の管理での活用となり企画業務に活用できていないためです。結果の管理になりがちな理由は、調達、生産、販売という受発注が絡む基幹業務を中心として構築されているためです。

　製造業の事例は参考にならないと思い込み、類似の失敗を繰り返すのは惜しいと考えます。製造業におけるPLMシステム構築の失敗は参考とすべき点が多くあるので、そこから学びを得ていただければと思います。

5.6　品質問題対応

設計品質と適合品質

　建設業界においても常に品質が重視されます。長期にわたり使い続ける建築物だからこそ、品質維持・向上はゼネコン各社が常にこだわり続けるテーマとなります。一口に品質と言っても、実務上、設計品質と適合品質の2つを切り分けて検討することが多くなります。もちろん、いろいろな切り口で品質を語ることはできます。しかし、企業価値向上に向けたアクションに落としていく上では、経験上はこの2つに分けるとよいのではないかと考えます。

　設計品質は「狙いの品質」を意味します。設計品質に問題があるとは、例えば図面どおりに製品ができ上がったけれども、寒冷地で使用したら動

かなかった（気温が低い場合の考慮が不足した設計になっていた）という
ようなイメージです。

　適合品質は「出来栄えの品質」を意味します。適合品質に問題があると
は、例えば図面どおりに製品ができ上がらず、動かなかったというイメー
ジです。

　なお、設計品質は「企画品質」と「狭義の設計品質」に分けて考えるこ
ともあります。広義の設計品質、つまり狙いの品質を作る際は「顧客が顕
在的、潜在的に要求している目標と自分たちが決めた機能、性能、信頼性
などの目標が合致している」か否かについて考えます。この定義のうち、
顧客要求を把握する部分を企画品質ということもできます。つまり「図面
どおりの製品を作れば自分たちが決めた機能、性能、信頼性などの目標を
実現できる」か否かを考える機能を切り出し、そして、顧客要求を実現で
きる製品仕様を作る部分を「狭義の設計品質」として整理できるという考
え方です。

　企業によって品質を管掌する組織はさまざまです。企業が異なれば似た
ような品質を扱う組織名を冠していたとしても管掌範囲が異なります。こ
の根底は品質を考える人によって「品質とは何か？」の定義が異なる点ま
でさかのぼることができます。そのため、品質を考える際に「品質に関わ
る業務のうち、何を考えるのか？」の定義を明確にすることが同床異夢を
未然に防ぎます。

　先ほど、設計品質の定義を狭義や広義で考えられると少ししつこく説明
した理由はここにあります。あくまで先ほどの定義は考え方の1つであり、
各社の状況に基づいて狭義や広義、あるいは異なる切り口で定義をするこ
とが重要な考えとなります。なお、一方で一定の定義を行わなければ本節
の内容の軸が定まらないことから、以降で言及する「設計品質」はすべて
広義の設計品質と整理して進めます。

品質の修正と是正

　品質への向き合い方は、問題の発生後にいかに対応していくかという対処の話と、品質問題を発生させないためにはどうすればよいかという予防の話に分かれます。

　1つ目の問題の発生後の対応には「修正」と「是正」の2つの方向での考え方があります。修正とは、「検出された不適合を除去するための処置」を意味します。ここでの不適合とは品質問題のことです。例えばバケツに穴があいてしまったので、穴をふさぐ、というのが修正のイメージです。是正とは、「検出された不適合またはその他の検出された望ましくない状況の原因を除去するための処置」を意味します。例えばバケツに穴があいてしまった原因がさびなので、次からバケツを作る時や使用時は、さび止めの塗装をする、というのが是正のイメージです。

　なぜ改めてここで説明するかというと、経験上、品質問題を管理する帳票が「問題」「原因」「解決策」で構成される企業が多いからです。つまり、修正と是正がうまく分けられていない企業が散見されます。

　そのような企業においては、解決策欄の記載内容を修正と是正の観点で見直してみると、修正に相当する記述のほうが多い傾向にあります。なぜなら修正は、先ほどの例では今まさにバケツに穴があいている状況なので、すぐに行う必要があるからです。しかし、是正は行わなくてもその場は済んでしまう（次の機会に回すことができる）ことが多くなります。業務が増える、解決に時間を必要とする、上長にすぐに解決するような打ち手はないのかと言われたことがある、といったように既存組織・業務との折り合いの中で作られた組織文化・風土に起因して、是正に関しては気づいていても、あえて書かないといった行動をとることが多くなります。

　そのため、少し細かいアクションとなりますが、企業価値向上に向けた取り組みとして考えると、修正処置欄と是正処置欄は分けたほうがよいとは考えます。なお、問題発生後すぐに行わなければならない修正処置欄の記入タイミングは、問題発生後1週間以内、根本原因の究明が必要となる

是正処置欄の記入タイミングは3カ月以内とするなど、記入タイミングも分けるとさらによいのではないでしょうか。

▌流出防止と未然防止

　次に2つ目の発生前の予防の話となります。予防にも「流出防止」と「未然防止」の2つの方向での考え方があります。

　流出防止は、「図面や建設物に作り込んだ品質問題を適切なタイミングで発見して後工程に流出させない」ことを意味します。例えば、施工中の検査によって、竣工後にまで品質問題を流出させない、デザインレビューで品質問題を発見することで、施工段階や竣工後にまで品質問題を流出させないといったイメージです。

　未然防止は、「そもそも図面や建設物に品質問題を作り込まない」ことを意味します。例えば施工時の作業教育により品質のばらつきを抑える、設計基準を策定して問題が起こらない設計をするといったイメージです。

　流出防止策の立案には、どのタイミングで品質問題を発見するべきかという目標の設定と、なぜそのタイミングまでに発見できなかったのかという原因の分析が必要となります。また、未然防止策の立案には、どのタイミングで品質を作り込むべきかという目標の設定と、なぜそのタイミングまでに品質問題を作り込んでしまったのかという原因の分析が必要となります。

　流出防止／未然防止も修正／是正と同様に、品質問題を管理する帳票の原因欄において流出原因と発生原因に分けている企業は少なくなります。また、タイミングの情報が必要になりますので、問題が発生した工程のほか、問題を発見すべき工程と品質を作り込むべき工程も明確にしていくことが重要です。なお、ここでいう工程とは、営業、計画、基本設計、実施設計、生産設計、杭工事、山留工事、地下躯体工事、地上躯体工事、外装工事、内装工事、設備工事、外構工事、竣工後といった各工程のことを指します。

　人間はミスをする生き物です。ミスを見つけて修正するということは小さいながら手戻りが発生している状態となります。理想はミスをしない状態の達成となりますので、流出防止と未然防止は分けた上で両方に対する解像度の高い打ち手を検討していくことが重要になります。

品質問題の解決プロセス

　基本は、解決したい品質を明確に定義した上で、その品質における対処（修正／是正）と予防（流出防止／未然防止）の考え方を明確にします。そして、問題解決の基本プロセスである「問題→原因→解決策」を加えることで、多角的な視点から品質問題を解決する全体像の設計を行います。

　この品質問題を解決するプロセスの全体像の考え方について、図表5-6を参考に補足します。問題欄に整理される「発生した事象または発生のリスクがある事象」を起点に、その場で解決できる問題であれば修正のルート（図表5-6の右側に延びるルート）をたどります。原因にさかのぼった解決が求められる問題に対しては、設計品質問題か適合品質問題であるかの分類をします。その後、それぞれの問題において、原因欄で流出防止なのか未然防止であるかを分類します。最終的には解決策欄（＝是正）としてどのようなアクションを打っていくかの検討をしていく考え方となります。なお、修正第1次処置、修正第2次処置、修正第3次処置の違いは後述します。

　この全体像に基づき品質問題への対応を進めていると、実務上、あるルートの中で複数のルートの分岐ができるパターンが生じます。例えば、設計品質問題の流出原因のルートにおいて、「設計部門が設計レビュー時に異常条件の考慮漏れにより問題点を発見できなかった」というルートと、「施工部門が建設物の検査時に水漏れ試験の条件が不適切で問題点を発見できなかった」というルートがあるといった場合です。当然、複数の原因に基づいて事象が発生することが多々ありますので、分岐の上で原因を辿り、連携した対応を進めていくといった使い方をします。

図表5-6 品質問題解決プロセスの全体像

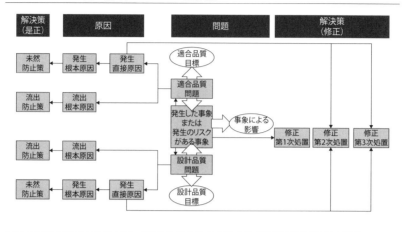

　この全体像に基づいた品質管理対応をすることは、これまで「問題」「原因」「解決策」という粒度で管理していた品質問題への対応を、設計品質問題、適合品質問題、流出原因、発生原因、修正策、流出防止策、未然防止策といった粒度でよりアクションに結びつきやすい形で管理することを意味します。

　管理項目が増えることで工数増加の懸念が生じると思いますが、品質問題の解決までのリードタイムを考えると、結果としてここでの作業により全体が効率化されることが多くなります。つまり、フロントローディングの考え方に近く、起点となる問題発生時において、対応方針を明確に定めることにより、後工程において実行しやすい、実行状況が追いやすいといった効果を創出し、全体として効率化されます。

　また、品質問題を「問題」「原因」「解決策（修正）」の3項目で管理する帳票では、自由記入の中で、それぞれの概念を分けて品質問題解決への取り組みを進める場面によく出会います。粒度高く項目管理を行い、またこの項目別での選択方式で入力できるようにすると、品質に関するデータの蓄積・整理も実現し、品質問題における組織の"癖"も形式知化できるよ

うになります。

品質データの構成要素

　品質問題への対応を徹底するために、対処（修正／是正）と予防（流出防止／未然防止）をしっかりとしようと訴える掛け声やポリシー・ガイドライン・手順フォーマットの整備は重要です。また、実務上は、改善に向けた仕組みを設計し、普段の活動に埋め込んでいくことがさらに重要になります。先ほどの品質問題を解決するプロセスの全体像を定めて、個々人の品質問題に対する認識を統一していくこともその1つの取り組みとなります。

　また、品質に関するデータを蓄積・可視化し、活用していくプロセスも重要な取り組みとなります。よく、品質問題対応の高度化を行う際に、「過去に起きた品質問題は何があるでしょうか？」と記録を求めても紙データでしか残っていない、残っているデータも書き方や記載粒度が担当によりバラバラ、そもそも担当により記録する場合と記録していない場合が混在といったように、適切な打ち手を検討する土台が心もとない場面に遭遇します。そのため、品質問題への対応を高度化し企業価値向上につなげる上では、品質に関するデータを蓄積・可視化することは非常に重要な取り組みとなります。

　特に企業価値向上への利用を念頭に置く場合、品質問題の発生原因の選択肢化が重要になります。選択肢とすることで複数の品質問題を全体的に見たマクロ分析が可能になるためです。つまり、企業全体、事業全体、製品ライン全体でどのような原因の品質問題への影響が大きいかを分類したり傾向を見たりする上では、自由記述による原因の記述のみでは元データとして利用しにくいと言えます。もちろん自由記述もできるようにしますが、単にデータを蓄積・可視化するのみならず、利用を見据えた選択肢化まで踏み込むことが求められます。

　言い換えると、選択肢にできるということは原因となり得るものごとが

把握できていることを意味します。ある企業では選択肢の中で「その他」が選ばれる割合が1割を超えると、従来想定したことと異なる状況になっていると考え、2割を超えるその前を目標に選択肢の改善に取り組みます。もちろん、期間ごとの傾向分析や過去からのトレンド分析も行っているため、選択肢の更新はこれらの視点も含めて慎重に行われます。

　以降では品質に関するデータの蓄積・可視化に向けた一歩目として必要になる、品質問題を解決するプロセスの全体像で示した構成要素「①問題、②原因、③解決策」において、どのような切り口でデータの選択肢化を考えていけばよいかを説明します。

①問題
問題について、その記述目的から整理していきます。

- 解決すべき、つまり処置・是正すべき問題事象の明確化。
- 問題事象による影響を明確にし、対応すべき根拠とプライオリティの明確化。
- 修正第1次処置の内容判断。
- 是正の原因分析を行う際に必要となる因果の判断。
（結果として発生した問題事象と経緯である原因仮説の因果関係の判断）。

　このような内容で問題における記述目的はほぼカバーできます。耳慣れない言葉として出てくる「修正第1次処置」とは、原因分析前の段階で解決すべき問題事象しか把握できていない状況ではあるものの、処置の緊急性が高い事象に対して行う処置を指します。

　そして、それぞれの目的に紐づく必要データを以下に示します。

解決すべき問題事象
- 発生日時、発生場所、使用者、製品、不具合現象など

- ‣ 問題事象の影響
- ‣ 人的被害、物的被害、ロスコストなど

- 修正処置判断用
  - ‣ 製品、不具合現象、不具合が発生した部品など

- 原因分析用
  - ‣ 不具合が発生した部品、不具合部品の状況、使用状況、使用環境など

　細かく、網羅的に設定すると運用面での負荷が高まります。よく、「この問題の分類先はこっちかな？　あっちかな？」と判断に困る場面が「あるある」として発生します。そのため、自社にとっての最適な粒度を、目的別に検討しつつ設定していくことが求められます。

　また、発生した事象が１つであったとしても問題が複数ある場面にも実際の運用上、よく遭遇します。具体的には、「図面どおりの製品を作れば目標とする機能、性能、信頼性などを実現できる」という目指す姿に対しての「図面どおりに建設物をつくっても目標どおりの性能が出ない」という問題（設計品質問題）と、「図面どおりに建設物をつくる」という目指す姿に対しての「図面どおりの建設物ができていない」という問題（適合品質問題）が同時に発生する場合が考えられます。そのため、事前に複数を選択できるようにするといった実運用上の工夫も求められます。

②原因

原因についても、その記述目的から整理していきます。

- 第２次以降の修正処置の範囲の見極め
- 是正のために除去するものごとの見極め

このような内容で原因における記述目的はほぼカバーできます。これら
2つの目的に必要なデータは、原因を記述するために必要な情報を選択し
ていく話になります。そのため、5W1H的な視点から以下のようなデータ
設定をすることが多くなります。

- 時間
  - 営業、計画、基本設計、実施設計、生産設計、杭工事、山留工事、地下躯体工事、地上躯体工事、外装工事、内装工事、設備工事、外構工事、検査、引き渡し、運用管理、保守、修繕、リニューアルなど

- 場所
  - 設計拠点、調達先、作業所など

- 関係者
  - 施主、営業部門、設計事務所、設計部門、調達部門、資材商社、資材レンタル会社、資材メーカー、施工部門、協力会社、運用管理会社、保守会社など

- 建設物
  - 建設物、モジュール、部品など

- 建設物以外の物
  - 建機、工具、輸送機器、保管倉庫、メンテナンス機器など

- 行為
  - 設計、評価、施工、検査、輸送、顧客への説明、使用、保守など

- 環境

▶温度、湿度、振動、粉塵、紫外線など

　なお、品質問題を解決するプロセスの全体像を見ると、原因欄から修正第 2 次処置、修正第 3 次処置にラインを延ばしています。

　修正第 2 次処置とは、「一定時間経過後、あるいは一定の作業の完了後、それまでに解明できた原因から対象範囲を絞り込む処置」を指します。対象範囲の広さは、第 1 次処置と同じか狭くなることが多いですが、例えば 24 時間以内に原因究明を行い、その結果に基づいて処置の対象範囲や内容を決定するというように時間軸も盛り込んだイメージです。

　また、修正第 3 次処置とは、「投入可能な最大限の経営資源を費やした結果として解明できた原因から、対象範囲を絞り込む処置」を指します。対象範囲の広さは第 2 次処置よりさらに絞り込んだ範囲となります。

　そのため、原因を記述する上で必要な情報に加えて、このラインの先にある「修正」につながる観点での粒度設定や切り口設定が重要になります。「修正」を適切に実施する上でのポイントは対象範囲の絞り込みと言えるので、上記の原因を記述するために必要な情報のうち、時間（異常が発生した時間帯など）、場所（作業所、区画、設備など）、建設物（構造、部位など）といった、絞り込みに使用できるデータをどう設定していくかが重要になります。

　このような対象範囲特定のための原因分析を「発生直接原因の分析」と言います。トレーサビリティにおいてはトレースフォワード、つまり時間経過に沿って履歴をたどり、対象を漏れなく把握することが求められますが、その基礎データとなります。

　また、原因欄は問題欄と解決策欄（＝是正）をつなぐ位置づけとなります。解決策欄（＝是正）に有用な粒度設定や切り口設定という観点も重要になります。解決策欄で提示する「是正」のポイントは根本原因の特定です。したがって、先に紹介した項目の中で特に重要なのは、関係者（ゼネコン職員、協力会社、資材商社など）、製品以外の物（建機、機器など）、行為（作業手順、品質基準など）、環境（温湿度、粉塵など）といった、

原因の候補から排除できるものが明確にわかるデータ設定が必要になります。

　なお、実務においては、通常、複数の原因が連なることになります。企業により1次原因、2次原因、といったように複数の原因に序数をつけて示しますし、このような原因の連なりからなるツリーを記述することは任意とする場合もあります。

③解決策

最後に解決策についても、その記述目的から整理していきます。

- 解決策の妥当性を評価
- 解決策の実行

　このような内容で原因における記述目的はほぼカバーできます。これら2つの目的に必要なデータも、原因における記述と同様に5W1H的な視点から以下のようなデータ設定をすることが多くなります。

- 期間
- 対象範囲
- 責任者
- 内容

　また、解決策の方向性を設定の上で具体策を自由記述で記載する方式が一般的です。そして、選択肢を見ることにより現場では、ほかにもっとよい解決策がないか、同時に行うべき解決策がないか、複数の解決策を俯瞰した時に偏りがないかなどもセルフチェックできるようになります。

セルフチェックの観点
- 業務の進め方・プロジェクトマネジメント

- 機能別組織運営・教育
- 業務プロセス
- 建設標準
- ナレッジ・技術資産
- ツール・設備
- 組織体制
- 改革投資
- 製品・サービス戦略

　選択肢化を進める設計思想に照らして、一定のデータ蓄積後に選ばれた選択肢の傾向を分析してみると、その企業の文化がよく見えます。とにかくルールで縛ろうとする企業は業務プロセス、個人のスキル不足と考える企業は教育体制、大部分の問題は自社ではなく委託先にあると考える企業は組織体制に関する解決策を考える場合が多くなるイメージです。企業によっては、担当者は「マネジャーが責任を果たすべき」、マネジャーは「担当者が責任を果たすべき」と、互いに責任を押し付け合う雰囲気が強くなります。

品質問題の対応に関するまとめ

　従来は業界で常識とされた取り組みに対して、他業界のやり方を輸入・適用したり、あるいはバリューチェーン上の事業モデルの組み方といった大上段からのアプローチによる企業価値向上について議論されたりすることも増えてきました。

　とりわけ品質問題は企業の定性リスク毀損や手戻り発生による無駄の発生といった影響のみならず、そもそもの企業自体の活動の"癖"が品質問題として発露しがちです。この品質問題対応を品質の問題だけに閉じず、どのように企業価値向上に活かしていくかについて議論してもよいのではないでしょうか。

5.7 古くなった「業界OS」の先へ

　冒頭で触れたとおり、本章は6つのトピックをオムニバス形式でまとめ、読者の関心の高いものや目の前の課題に直結するものから参考にして、取り入れていただくことを目的としています。

　ただ、これらのトピックを揃えたのは、業界OSを乗り越えて新たなポジションを築く第一歩としていただく意図もありました。第3章で触れた建設の「業界OS」を簡単に振り返ると、主に以下の特徴が挙げられます。

① 発注者との関係維持を最優先するために本来発注者側で行うべき設計等の業務の内製化及び「設計施工一括」方式の広がり。

② 完成物を発注者の要望に沿った特殊な形とするための「作り込み」の追求。

③ 発注者とゼネコンの関係がその先の取引関係にも及び、工事内容が高度化・専門分化する中での「多重下請構造」の固定化。

　また、上記に伴い副次的に発生した効果として、契約の不透明性、価格形成の不透明性、各種知見の受注側への偏重が生まれ、これらが健全な競争を阻害している点も指摘したところです。

　これらの特徴は、事業戦略とそれを支える組織機能と業務プロセス、それが表出したビジネスモデルという事業経営の各要素を強固に固定していると考えています。発注者との関係性維持という方向性が「戦略」とすると、それを支える「組織機能」として設計部門を内製化し、設計施工一括を前提とした「業務プロセス」を磨き上げ、ビジネスモデルの一環として特殊な作り込みを行った製品を供給する「ビジネスモデル」を作り上げたと見れば、これらは見事なまでに整合した仕組みと見ることができるでしょう（図表5-7）。

　この「業界OS」が時代にマッチしなくなっていることも第3章で触れたとおりですが、ここからの脱却を考える場合、個別の問題への対応では決

図表5-7　事業経営の仕組みに根を張った「業界OS」

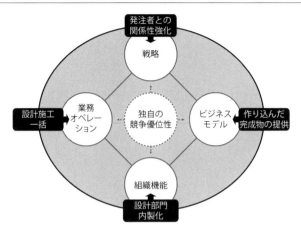

　してものごとは動きません。本章では、こうした要素をセットで動かすことにより時代に合わなくなった定常状態から抜け出す処方箋を提示することも意図していました。

　つまり、事業経営の仕組みの各要素をセットで動かすことで、自らの競争優位に基づいた健全な事業経営が実現できるのではないかという考えです（図表5-8）。

- 業務オペレーションの観点では、設計施工一括の中で施工段階でのすり合わせへの偏重をフロントローディング（本章5.2）によって回避することで施工現場での負担を軽減すること。
- 組織機能の観点では、施工計画書などのデスクワークで経験と責任がある所長等の社員が忙殺されるような状況を改善（5.4）し、こうした人材がより高度な問題解決に時間と労力を使えるようにすること。
- ビジネスモデルの観点では、単品生産から脱却して「標準化」（5.3）を進めることが、プロセスの効率化、調達コストの抑制を通じて競争優位性の拡張にもつながること。
- 競争力の観点では、上記のレバーを引くことで「顧客との結びつきの

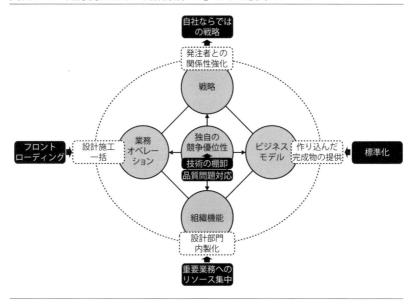

維持・深化」以外の自由度が生まれ、技術の棚卸（5.5）や品質問題
対応（5.6）が新たな競争優位獲得の出発点となりうること。
- こうした自由度を獲得した先にある事業戦略の展開の一例として近年
需要が急増する物流施設（5.1）を挙げ、従来のゼネコンの枠にとらわ
れない新たな事業機会獲得の可能性があること。

本処方箋が、読者の業務・問題意識に近いところから始めていただきな
がら最終的には凝り固まった「業界OS」から脱却し、各社の競争優位性
に根差した付加価値の追求・事業展開に邁進いただく一助になれば幸いで
す。

「土木現場訪問記」

　建設業界で働く方でもダム、トンネル、橋梁、防潮堤、メガソーラー、廃棄物処理場等の土木現場を実際に訪れたことのない方は、いるのではないでしょうか。建築の方に多いかもしれませんし、土木事業に従事する方でも本社事務系の方に多いかもしれません。なにしろ、土木現場は遠いですので。

　筆者は幸運にも20カ所近くの土木現場を訪問した経験があります。これは得がたい経験でしたので、そこで見聞きしたことを書きたいと思います。

土木現場はわかりにくい

　土木現場には明確な番地がないことが多いです。番地があるのは造成が終わったところが多く、土木現場は造成前の現場がほとんどになるためです。筆者は現場を運営するゼネコンの方の車に同乗しましたが、いつもと言っていいほど道に迷っていました。

土木現場は遠い

　土木現場は市街地から離れた山、海、川等にあります。道路が通っていない現場に道路等を造るのが仕事ですから、交通の便もよくありません。地図上の距離はもちろんのこと、時間的な距離としてもかなり遠い場合が多いです。駅から2〜4時間かかるのが平均的なイメージでした。

さまざまな現場事務所

　現場に到着して最初に訪れるのが現場事務所です。基本的に現場事務所は工事現場の近くに設置されます。しかし、ダムの場合等、土木現場でも特に辺鄙な場所にある場合は現場事務所から工事現場まで車

で1時間近くかかる場合があります。近くの場合でも車移動が必要になることが多いです。

　建物はプレハブやユニットハウスといった現場事務所らしい建物が新設される場合と、市街地近くの工事現場では民家や店舗の賃貸物件を利用する場合があります。筆者も地方の比較的大きな民家や個人経営の商店が閉業した後の空き店舗を現場事務所にしている現場を訪問したことがあります。福島の復興のように多くの工事が集中している場合は、大きな建物を借り、複数の現場事務所が集まっていることもあります。

少ないゼネコン職員

　現場事務所に到着するとまず挨拶をしますが、多くの場合が一目で全員を見渡せるくらいの広さと人数です。数名から十数名といったところでしょうか。ですので、大きな声で全員に挨拶します。

　そして、所長と現場所員の方（いずれもゼネコンの社員）に挨拶をするのですが、感覚的に人数が少ない場合が多いです。大きな現場でも3〜4人程度、所長と所員の2名という現場も少なくありませんでした。合理化や人員不足のために以前よりも人数が減っているとのことです。特に2名の現場は多忙な状況であることから、仕事とはいえ対応していただくこと自体、恐縮に思うこともしばしばでした。

工事説明

　挨拶した後は、応接室に通され、現場の説明を受けます。同じ場所で、同じ説明をする場面は多くあるのでしょう。応接室の壁には現場の写真や図が貼られ、担当の方は説明に手慣れています。素人へ説明する機会が多くあるためか、図、説明とも非常にわかりやすいことが多く、十数カ所も現場を回ると土木に詳しくなった気になります。また、工事が始まってから1年以上経過している現場では四季折々の写真が貼られたりしており、現場への親近感も湧いてきます。

現場見学

いよいよ現場見学です。現場は安全第一のため、入るには準備が必要です。ヘルメット、作業着、安全靴等を身に着けます。多くの場合、車を使って所定の場所まで移動した上、徒歩で現場を巡ります。土の上を歩くことが多く、完成した道路がいかに歩きやすいものかを実感します。

高齢化が進む現場の職人さん

工事現場では職人さんが作業をしています。そして、一目見てわかるレベルでご高齢の方が多いです。ある現場で平均年齢が60歳超と聞きましたが決して特別な現場ではないとのことでした。現場訪問は熱中症が社会問題となった暑い夏でしたが、炎天下、重い荷物を運ぶ等の厳しい作業をされていました。そして、管理者の方は決められた休憩や水分補給を確実に実行するよう、かなり気を配っていました。

なお、現場訪問した目的はi-Constructionの推進に関する調査であり、当時はドローン、マシンガイダンス建機、マシンコントロール建機の活用がほぼすべてでした。このことを知った職人さんからは、建機作業はエアコンが効いた中で行えるので、最も快適な作業の1つである。そんなところを改善する暇があるなら、炎天下での運搬を改善してほしい、と言われました。

理屈の上では、現場の作業環境向上だけの観点で施策の優先順位を決めることはできませんが、感情的には、非常にもっともな意見と感じました。よく言われることではありますが、本社の会議室で「技能労働者の高齢化が進んでいる」と聞くのと、現場を目の当たりにするのとでは、大きく違うと感じた次第です。

ヒアリング

見学後はヒアリングです。前述のとおり、目的はi-Constructionの推進に関する調査のため、活用目的、活用状況、効果獲得状況などを

聞いていきます。詳細は省略しますが、「付き合いの長い業者に相談した」、「以前の現場で一緒だったメンバーが取り組んだと聞いたので、そのメンバーに相談した」、「よくわからないが思い切ってやってみた」というように、一国一城の主が、人とのつながりをベースに進めていることを垣間見ることができました。

ちなみに、ある現場では現場の方の希望で建機メーカーの営業マンが同席していました。多くの作業を建機メーカーに依頼しており、その人が現場のi-Construcitonの状況を最もよく知っているからだそうです。有名建機メーカーの営業力の強さが表れている出来事でした。

懇親会

現場付近で宿泊する場合はたいてい懇親会が開催されました。本社の方と飲んだ時は、「建設業の人ってみんな飲むんですよね」と聞くと、それは都市伝説ですよ、と言われました。しかし現場ではお酒をよく飲む人の比率が非常に高かった記憶があります。「今度の新入社員はお酒が飲めないので、心配だ」という話も聞きました。たまたまかもしれませんが。

話の内容は、過去現場であったトラブルの話が多かった印象です。台風で建機が水没したとか、大雨での土砂崩れに備えて発生時に土の通り道になる部屋の人が別の部屋で寝ていたといった話は、印象が強烈でした。

印象に残る現場

土木現場を初めて見た筆者からすると、まず強烈な印象だったのがダムの現場です。広大な場所が水で満たされますと説明を受けても、なかなかイメージができませんでした。また、工期も10年以上と長く、土木の中でもダム現場の人は感覚が違うという話は納得できるものがありました。

トンネルや河川の現場のように、似た環境が長く続く現場では工場

のような雰囲気が感じられる面がありました。マシンコントロール建機が最も活躍していたのも同じ法面が続く河川現場だったと記憶しています。

　福島の復興現場、会社の実績として大々的にはPRしないと言われた廃棄物処理場、森林を伐採するソーラーパネル、等については、個々に関する感想は控えますが、土木事業が社会課題と直結していることを感じました。

土木はアート

　ある土木マンから聞いた話では、土の質は掘ってみて初めてわかる。掘った土を盛ろうと計画していたが、盛れなくなるということはよくある。そうすると、盛る土をどこから持ってくるか、盛れなかった土をどこに持っていくか、という課題が発生する。これを決められたコストの中で行わなければならない。優れた所長はそのようなリスク発生時の対策の引き出しをたくさん持っている、と聞いたときは、目から鱗が落ちた思いでした。

　ちなみにその方は、自然物を相手にする土木は非常に難易度が高い、人工物を組み立てる建築は簡単、と言っていましたが、その話を聞いた建築の元設計者は言いたいことがたくさんあったようです。

おわりに

▎不連続な経営への挑戦

　特に直近の約10年（2010〜20年）、建設業界は事業環境の変化に翻弄されてきたと感じます。国内では、〇〇年に1度という枕詞のつく大規模かつ頻度の高まる自然災害、オリンピック開催決定、パンデミック、といった各企業のコントロールを超えた範囲で大きな影響を及ぼす出来事がありました。このような出来事を通じ、国内市場における需要は一時的に高まり、また、人材不足等も理由として需要は先送りとなったことから、ある程度先の将来までは"食べていける"需要が見えています。

　しかし、このことによって、経営の方向性として高まっていた、縮小トレンドにある国内市場からグローバル市場での事業強化に向けた経営資源の配分先の変更という判断と実行も先送りになったのではないでしょうか。

　結果、グローバル市場への進出により直面する課題への解決行動を通じて得られるはずだった、戦略や経営の高度化・多様化といったケイパビリティの刷新・強化も、少なくとも10年は遅れたと感じています。

　一方では、進展する建設関連デジタルツールや高度化・多様化を支える一手法としても有効なBIMを当然のように使いこなす組織能力を身に付けて成長する海外プレーヤーの台頭というように、グローバルを見据えた際の競合は着々と進化を続けています。

　そして、日本企業はここ10年で得られたはずの、海外プレーヤーが進化の過程で獲得し使いこなしている組織能力の獲得に向けた取り組みを飛ばし、意味がありそうという海外事例に基づいたツールや手法の導入に取り組んでいるようにも見えます。

　つまり、使いこなす組織能力やその前提となる戦略に係る議論という土

台が欠ける一方で、先端のツールや手法が存在するという経営としてアンバランスな状況となっているのではないでしょうか。

　今後、このアンバランスを解消する不連続な経営の実現を期待したいと考えています。そして、本書を踏み台に、より優れた経営手法が生まれ、実践することを通じた日本のゼネコンの企業価値向上を期待します。

議論の出発点としての本書

　「はじめに」で触れましたが、本書を通じて今の経営者の方には「次世代に残していく／変えていくべき取り組みを考えるきっかけ」として、また、次世代の経営者候補の方には「わがごととして、もし経営の立場にあったらどのようなアクションに今から着手していくかを考えるきっかけ」になればとの企図から執筆を開始しました。

　結果として、建設業界向けに戦略・経営を大上段に掲げた書籍があまりないことから、読み手の皆様へ将来の戦略や経営を"考えるきっかけ"を提供していく上で土台となる共通認識を醸成する必要性を感じ、歴史や幅広いテーマを俯瞰して要点を取り扱った構成となりました。

　本書でも何度か触れましたが、建設の個別現場状況は一品一様であり、また、各現場を取りまとめてマネジメントするゼネコンも置かれている事業環境は異なります。そのため、本書で触れた内容と現実として目の前の現場や経営で生じている状況との差異に目が行くかもしれません。また、現場に近い方にとっては遠く感じる話であり、経営に近い方にとっては"どうやって"にフォーカスしたテクニックに近い話となっておらず、物足りなさを感じたかもしれません。

　改めてとなりますが本書は"考えるきっかけ"を提供することを目的としているため、"なぜ"や考え方へフォーカスしたまとめを意識しています。異なる個別状況に置かれても、流行のテクニックやツールが出現しても、戦略や経営に向き合う上では、"なぜ"や考え方は普遍性を持って有効であり続けると考えるからです。

展望として……機能として見た建設

　本書では産業の側面にフォーカスした建設を中心に論じてきました。一方で最終受益者となる生活者の営みにおけるインフラや、他産業における企業が事業展開する上で必要となるアセットという視点では、建設を機能と捉えることができます（本書の新規事業開発のくだりで少し触れました）。

　この視点に立つと、ゼネコン各社でよく検討される新規事業の中での"筋の良い新規事業"とは、進出先産業における企業や便益を享受するユーザーにとって「誰の悩みを解決する機能か？」「それはどれだけ価値ある機能か？」「既存機能と比較して競争力を持つか？」の問いに最低限応えている事業となります。

　ゼネコン各社の企業価値向上を考えた時、建設産業に身を置くゼネコンの価値向上を不連続な経営を通じて模索することは必須です。一方でさらなる企業価値の向上に向けては建設産業以外のプロフィットの取り込みは避けて通れないと考えます。今後、機会があれば機能としての建設に着目した、他産業への展開についてもまとめられればと思います。

【著者紹介】

古田直也（ふるた・なおや）

アーサー・ディ・リトル・ジャパン　パートナー

慶應義塾大学　総合政策学部卒業

日本のOS＆T（Operation Strategy & Transformation）Practiceのリーダー。人事系ベンチャー、複数のコンサルティングファームを経て現職。社会変革のイシューに着目し、商社・物流・建設インフラ・建材業界、3Dプリンター、地域優良企業等の幅広い領域における全社・事業戦略立案、経営管理、コーポレート改革、PMIといったコンサルティングに取り組む。株式会社3Dプリンター総研とのアライアンス責任者、物流イニシアティブのリーダー、建設インフラ・建材イニシアティブのリーダー。

南津和広（みなみつ・かずひろ）

アーサー・ディ・リトル・ジャパン　プリンシパル

東京大学　法学部卒業

カリフォルニア大学バークレー校公共政策大学院修了（MPP）

国土交通省、国内戦略系コンサルティングファームを経て現職。建設・住宅産業のほか、製造業、物流・モビリティ等の領域における全社戦略・事業戦略策定、新規事業創出等に従事。特に近年は、マクロトレンドを捉えたビジョン策定、ビジネスモデル転換、組織・ガバナンス改革、政策連携など、業界再編や産業の変革も見据えた支援に注力している。

松尾直紀（まつお・なおき）

アーサー・ディ・リトル・ジャパン　プリンシパル

早稲田大学　政治経済学部政治学科卒業

IT系、会計系コンサルティングファームを経て現職。中期経営計画／新規事業開発／組織変革／ケイパビリティ分析／業務プロセス設計／IT PMO等、戦略立案から現場における実行支援までを一貫して支援する。エネルギー／IT／通信業界に深い知見を持ち、近年ではデジタル×エネルギーを主要テーマとして各種支援に取り組む。建設業界においてはそうした周辺業界からのアプローチによる課題解決を担当。

新井本昌宏（にいもと・まさひろ）

アーサー・ディ・リトル・ジャパン　マネージャー

東京理科大学大学院　工学研究科工業化学専攻修了

メーカーにて生産技術、研究開発に従事した後、複数のコンサルティングファームを経て現職。現在まで、建設業並びに機械／電機／部品／食品／医薬品等の製造業における中期経営計画策定、技術戦略策定、新規事業開発、研究／開発／設計／生産技術／生産／施工／品質保証／プロダクトデザイン領域の業務改革等の支援を数多く経験。経営から現場までの一貫性と、事業と技術の整合性を重視し、短期的な成果の獲得と中長期的に成果を獲得し続ける組織能力向上を同時に支援。

青野亮太（あおの・りょうた）
アーサー・ディ・リトル・ジャパン　マネージャー
東京工業大学大学院　生命理工学研究科生命情報専攻修了
国内総合系コンサルティングファームを経て現職。中長期経営計画策定・支援／事業計画立案／新規事業開発／ビジネスデューデリジェンス／コーポレート改革／開発プロセス改革／物流改革支援等を経験。近年は建設・物流に関わるプロジェクトを多く担当。経営から現場のオペレーションまで、クライアントに寄り添い包括的に支援。物流イニシアティブのメンバー。

城山泰二（しろやま・たいじ）
アーサー・ディ・リトル・ジャパン　シニアアドバイザー
早稲田大学　理工学部電気工学科卒業
コロンビア大学大学院　建設工学修了
戦略系コンサルティングファーム、不動産投資顧問会社を経て、不動産・建設分野のプロジェクトマネジメント事業を展開する株式会社クリエイティブアドバイザーズを共同設立。事業会社・投資会社・物流企業などを顧客として、事業戦略立案や物流変革などのコンサルティングに取り組むとともに、物流センター・商業施設・データセンターといった事業用不動産の企画プロデュースと開発マネジメントサービスを提供。

アーサー・ディ・リトル・ジャパンについて

「アーサー・ディ・リトル（ADL）」は、1886年、マサチューセッツ工科大学のアーサー・デホン・リトル博士により、世界最古の戦略コンサルティングファームとして設立されました。アーサー・ディ・リトル・ジャパンは、その日本法人として、1978年の設立以来、一貫して"企業における経営と技術のあり方"を考え続けてきました。経済が右肩上がりの計画性を失い、他に倣う経営判断がもはや安全策ですらない今、市場はあらためて各企業に"自社ならではの経営のあり方"を問うています。自社"らしさ"に基づく、全体の変革を見据えた視点。戦略・プロセス・組織風土、あるいは、事業・技術・知財を跨ぐ本質的革新の追求。ADLは、"イノベーションの実現"を軸に蓄積した知見を基に、高度化・複雑化が進む経営課題に正面から対峙していきます。

ゼネコン5.0
SDGs、DX時代の建設業の経営戦略

2022 年 3 月 31 日　第 1 刷発行
2023 年 6 月 9 日　第 2 刷発行

著　者——アーサー・ディ・リトル・ジャパン
　　　　　古田直也／南津和広／新井本昌宏
発行者——田北浩章
発行所——東洋経済新報社
　　　　　〒103-8345　東京都中央区日本橋本石町 1-2-1
　　　　　電話＝東洋経済コールセンター　03(6386)1040
　　　　　https://toyokeizai.net/

カバーデザイン…………竹内雄二
本文デザイン・DTP……アイランドコレクション
印　　刷………………港北メディアサービス
製　　本………………積信堂
編集担当…………………伊東桃子／藤安美奈子